智能纺织品设计
Designing with Smart Textile

[美] 莎拉·凯特利 (Sarah Kettley) 著

方 方 译

东华大学出版社

·上海·

图书在版编目（CIP）数据

智能纺织品设计 / (美) 萨拉·凯特利著；方方译 .
— 上 海 : 东华大学出版社 , 2023.7
ISBN 978-7-5669-2217-5

Ⅰ . ①智… Ⅱ . ①萨… ②方… Ⅲ . ①智能技术 – 应
用 – 纺织品 – 设计 Ⅳ . ① TS105.1

中国国家版本馆 CIP 数据核字 (2023) 第 108010 号

合同登记号：图字 09-2016-256 号

策划编辑　徐建红　谢　未
责任编辑　谢　未
封面设计　Ivy 哈哈

智能纺织品设计
ZHINENG FANGZHIPIN SHEJI

著　　者： [美] 萨拉·凯特利（Sarah Kettley）
译　　者： 方方
出　　版： 东华大学出版社（上海市延安西路 1882 号　邮政编码：200051）
出版社网址： http://dhupress.dhu.edu.cn
出版社邮箱： dhupress@dhu.edu.cn
销 售 中 心： 021-62193056　62373056　62379558
印　　刷： 上海龙腾印务有限公司
开　　本： 889 mm × 1194 mm　1/16
印　　张： 14.75
字　　数： 519 千字
版　　次： 2023 年 7 月第 1 版
印　　次： 2023 年 7 月第 1 次
书　　号： 978-7-5669-2217-5
定　　价： 168.00 元

designing with smart textiles

Sarah Kettley

如何使用本书

"智能"纺织品的设计理念和实践指导是我们将要在这本书中呈现给您的核心内容。在介绍导电纱线和导电纤维构建的简单电回路之前,我们希望您能先对这个新领域中的各种概念做一个评判,并深入了解设计学科间的交叉和合作方式。之后,本书也通过对当代从业者的一系列案例研究和分析,向我们展现了不同纺织专业未来发展的潜力和贡献,同时为艺术和技术的实践提出了宝贵的建议。本书正文的结尾部分提出了一个要求,作为读者,如果能在翻阅完这本书之后,对自己的作品和技能的综合表现做一番思考和探究,那就可以更自信地将自己投身于不断发展中的智能纺织品实践环境里了。在本书的末尾,还为您提供了内容信息列表和资源链接。

本书主要受众是对智能纺织品相关知识感兴趣的服装纺织品设计专业的本科学生,对于之前没有与纺织品设计师合作过,但有相关学科背景的学生,比如交互设计专业的学生等,也有一定参考作用。

第一章讨论了当前正使用的专业术语,并要求您深入思考"智能"这个词的真正含义。本章介绍了技术和设备的不同尺度、比例和规模。两个专题访谈重点介绍了电子纤维这个尖端技术的发展,以及智能纺织品应用于建筑领域的前沿发展态势。

练习:对术语、技术和系统进行分类;探索皮肤、服装和建筑之间的关系。

关键问题:讨论功能性服装和高端项目[如"银河系连衣裙"(Galaxy Dress)]之间的差异。

第二章将工作室纺织品的实践活动,与产品设计、人机交互中越来越常见的设计方法进行了对比:作者用一个简洁的案例分析专题访谈说明了工作室的实际做法和交互的设计方式。在工业流程部分,强调了不同方法在推动该领域向前发展的价值。这些主题在最后的"可爱电路"(Cute Circuit)案例研究中被结合在了一起。

练习:交互设计决策清单;为不同的目标用户群重新设计现有项目。

关键问题:运用设计活动的原型来重新思考当前的设计行为及假定推断;对实践中"开放性"的反思;对目标市场认知程度的调查(以汽车行业为例)。

第三章提供了使用现成纱线和织物制造电路所需的电子元件和基本技能的相关信息。通过一系列基于技能的练习建立您对基本原理的理解，激发您自我设计创作的信心。在您学习何时使用微处理器以及如何开始使用 Arduino（阿都伊诺，一个开源的硬件平台）之前，这些都有一定的复杂性。本章的一些基本技能适用于其他新兴纺织学科的学生。

练习： 第一个缝合电路；用万用表测试纱线阻力和连续性；缝合串联和并联电路；纺织压力开关；纺织品倾斜开关；在使用传感器进行设计时使用角色和场景；带有 LilyPad（丽丽派德，一种微控制器板）Arduino 项目的原型 LED 电路；三个循序渐进的项目让您有机会运用新技能：制作一副高能见度的运动手套，一个能够回应拥抱的球，以及一个在超重时会发出警报声的包。

关键问题： 对第一个缝制 LED 电路进行故障排除；利用连续性原理检查电路设计；感知数据的含义；设计决策对输出端的含义。

第四章是一个案例研究的集合章节，设计师利用纺织品创造了新的使能技术、纱线、织物和应用。它由劳伦·鲍克（Lauren Bowker）的工作和材料探索中心"不可见"（THEUNSEEN）（如封面图）谈起，为您提供有关印刷、针织、编织、刺绣和织物处理的创意材料实践的见解。最后一部分由交互设计驱动的纺织实践，以及各个组件的设计组成。本章的推荐阅读清单的组织方式与本书其余章节的阅读清单不同；每个案例研究都有各自的推荐阅读清单，而不是在最后直接列出一长串。本章没有练习或关键问题；相反，每个项目贡献者都分享了一个"技术建议"，这是宝贵的技术见解，可以在自己的纺织实践中应用。为了让您得到进一步发展，您应该对他们的实验和创造性工作进行反思性记录。根据贡献者的不同，这些技术提示中的一些内容可以用作练习，例如电子工艺品集（eCrafts Collective）的卡片编织教程。许多网站还包含了在线教程的 URL。

第五章通过使用一系列设计管理的创意工具，请您思考不断发展的智能纺织品实践活动。这对于已经在本科最后一年有时间通过实习发展自己的实践能力，或正在开始研究生课程的学生来说，特别有价值。对于需要在进行大型项目之前发现隐性过程的多学科团队来说，这也很有用。其中，有一个反面案例是一名学生在她的第一年博士研究中出现的；她很有趣，因为她来自多媒体纺织品专业，而不是针织或编织等特定工艺专业。随后，本书又在工业和制造业的背景下讨论了类似的学科问题。比如，另一个案例回顾了一位从业者自己承担创新过程的经验。对技术纺织品顾问的最后一次采访将对您发起挑战——在一个正在发生根本变化的工业创新环境中，应该如何应用您所学到的知识。

练习： 框架项目和实践；区分您的学科。

关键问题： 将您的设计过程置于语境中。

什么是智能纺织品？

纺织与科技融合的过程并不仅限于表面，实际上它始于分子层面。

奎因（Quinn）2010:11

章节综述

在第一章里，我们将向您介绍"智能纺织品"在不同领域中使用的术语和定义，我们还会讨论智能面料和技术面料之间的差异，以及这些材料适用的不同尺度和应用领域。您将了解到智能纺织品近期历史中的关键点，并洞悉新的研究方向。

智能纺织品是与技术纺织品、可穿戴技术和智能材料相关的新兴设计和工程产业。在其最基本的定义中，智能纺织品是一种能够响应诸如张力或温度变化等刺激，并以重复性为外在表现的纺织品。这种特性可以整合到织物或纤维的结构中，并且可以分为被动、响应或交互三类。

图 1.1 表明，并非所有的技术纺织品都是智能的；可以称一些智能纺织品是技术性的；此外，并非所有可穿戴技术都使用了智能面料，当然，也并非所有智能纺织品都可以应用于可穿戴设备。

智能纺织品利用纱线和织物的机电特性，即利用不同材料的阻力和电导率（以及"手感"）产生能量流；它们反过来也可以促使颜色、热量、运动、声音和其他输出形式的变化。诸如形状记忆合金（SMA）、电活性聚合物（EAP）、间隔织物、相变材料、相变膜或相变涂层物，以及微胶囊等材料，都可以与织物结构和表面整合在一起，形成传感器或制动器。在含铬材料中可以很轻易地看到可逆状态变化的情形——对外部刺激，这类材料会产生可逆性反应。于是，这些材料便往往以它们受到刺激后的反应来命名：

光致变色：外部刺激是光。

热致变色：外部刺激是热量。

电致变色：外部刺激是电力。

压力变色：外部刺激是压力。

溶剂变色：外部刺激是液体或气体。

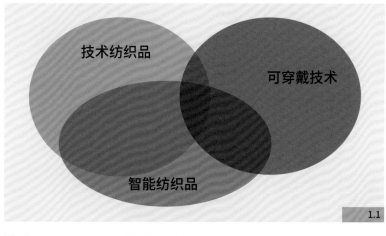

1.1

图 1.1
智能纺织品与可穿戴技术和技术纺织品等其他领域相关，并有所重叠。

定义	
智能纺织品	能够对不同物理刺激做出反应的纺织品；包括机械性刺激、电刺激、热刺激和化学刺激
智能面料和交互式纺织品	智能面料和交互式纺织品（也被定义为智能纺织品）
可穿戴技术	小到足以穿戴在身上的任何电子设备
交互式纺织品	集成到服装中的，或者由集成面板或按钮控制的可穿戴技术
电子纺织品	其电子特性被包含在纺织纤维中的纺织品

表 1.1
根据丹麦白皮书（摘录）定义的不同种类的电子纺织品。

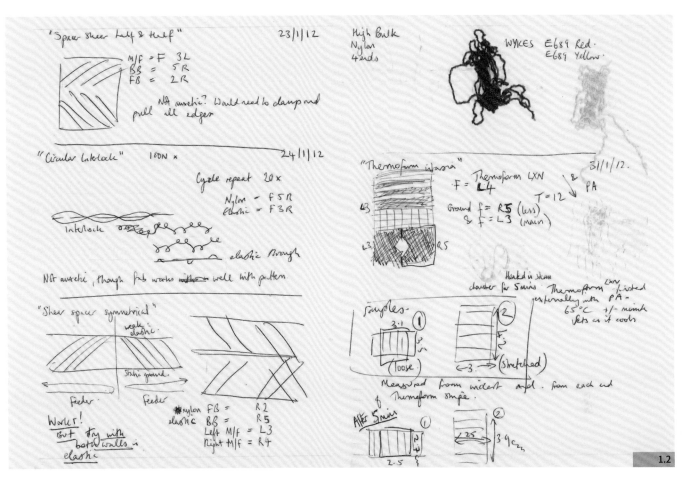

这些纺织品技术可以理解为一种使能技术，应用于新式可穿戴系统、建筑环境中的嵌入式计算，以及考古和地质范围内的信息和控制系统。纺织至关重要，并且越来越受到重视，因为它既有独属于它的功能整体性设计方式，又有一种"混合性"设计方法。在许多情况下，纺织已经将科学与艺术目标、艺术创作方式结合在了一起。同时，该领域也需要跨学科团队将纺织品作为一种产品，如服务设计、交互设计和人机交互等来开发。为了实现这一目标，它需要一系列学科的支持，包括科学、技术、艺术和设计，只有这样，我们才能创作出成功的产品。

尽管智能纺织品已在现代受到越来越多的关注，但这些交叉领域并不是全新的，事实上，有关智能纺织品的学术出版物已存在 30 多个年头了。可穿戴技术可以追溯到 13 世纪记录的第一副眼镜。公元前 2000 年左右，金属纤维和纱线开始应用于不同的人类文明中。而技术纺织品可以说一直存在于我们的视线中，因为我们一直穿着动物皮毛，后来又尝试了缝纫，还在纱线中加了油，用以防潮。1900 年左右人造纤维开始发展，它是我们今日科技纺织工业的开端。

图 1.2
纺织往往是跨学科的。就像这本笔记本上展示的那样，它汇集了设计师开发间隔弹性织物时为针织练习搜集的各种信息和标准。玛莎·格莱滋（Martha Glazzard）。

智能还是技能？

技术纺织品专为特定的终端应用而设计，它们惊人地无处不在，比如，它们会被用于支撑机场跑道，并防止土壤侵蚀（"土工技术"）；会出现在最新的训练技术或速干运动背心上（"运动技术"）；还有助于减轻运输车辆（作为"移动科技"复合材料中的一部分）的重量（从而降低燃料消耗）。事实上，根据应用行业的不同，技术纺织品可以分成12种。

柔性工程材料这个专业术语能让我们以一种非常广义的方式把纺织品分成材料、工艺和产品三类。技术纺织品通常包括玻璃纤维、碳纤维和塑料等材料。近期，研究者们已经将琥珀（其本身就是一种天然聚合物）加工成纤维。

但是，技术并不意味着智能。许多这类纺织品巧妙地利用了结构，而不需要随着环境的变化而改变自身的状态。因此，虽然智能纺织品也经过设计，但它们不仅仅是技术纺织品，它们还能感知环境并对其做出反应。

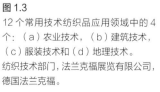

图 1.3
12 个常用技术纺织品应用领域中的 4 个：（a）农业技术，（b）建筑技术，（c）服装技术和（d）地理技术。
纺织技术部门，法兰克福展览有限公司，德国法兰克福。

图 1.4
纺织品包含大量材料；在这里，琥珀已被加工成聚合物纤维。
印嘎·拉森可（Inga Lasenko）。

被动、响应和交互式纺织品

一般来说，智能纺织品可以被分为被动智能纺织品、主动智能纺织品或非常智能纺织品。这些术语的概念仍在定义中，不同的研究人员对它们的理解也不同。表1.2中展示了智能纺织品中使用的定义和术语范围，以此为参考，我们可以比较清楚地看清自己的工作状态。

一些研究人员还用人类的身体组成部分来类比这些纺织品类别：被动智能纺织品可能是"神经"，它们具有简单的反射行为；主动智能纺织品有神经，也能展现出来，它们相当于肌肉；非常智能纺织品能在环境中意识到自己和自己的行为，所以它们既能学习，也会适应。

1.5

图1.5
极端条件下需要多用途织物；这里使用凯夫拉（Kevlar）纤维来增强其强度，通过表面涂金来增加导电性；美国国家航空航天局（NASA）也对这些材料的加工技术进行了探索，例如太空系绳等。莉埃芙·凡·兰根霍夫（Lieva Van Langenhove）。

表1.2
智能纺织品中使用的定义和术语范围。

	其他使用的术语	不同的含义		
被动智能	被动	仅限传感器或监视器；以预定的方式做出反应	无用户控制	无论环境如何，都能提供相同的功能，例如抗菌或以光的方式独立输出
主动智能	响应；交互	包括制动器功能，即它们因为感测到的环境而做某事	由集成按钮或面板控制	
非常智能	超级智能；多反应；超智能	有一系列行为，因此对环境的反应是动态的	自适应学习系统；除了外部环境，他们还可以感知自己	将整个系统嵌入到织物中；包含处理器

被动智能纺织品在环境中感应刺激，这些刺激可能包括机械、热、化学、电或磁性状态等。一种观点认为，这些纺织品不会对这些状态做出反应，但它们可能会将信息传递给其他地方的处理器。另一种观点认为，这些纺织品能带来统一连贯的功能，所以无需计算或使用导电材料，也无需用户主动控制。让我们来看一个例子。如图 1.6 所示，这个针织仿生织物一方面为生存环境而设计；另一方面，这一技术纺织品虽不"智能"，但在特定环境条件下又能提升性能表现。

主动智能纺织品不一定需要微处理器。在某些情况下，主动智能纺织品仅需要一个由用户主控的开关。在开关打开时，纺织品便可能只用一种方式表达美（例如，点亮并持续此状态），它可以通过预先编程的状态对某变化序列（例如，颜色变化）进行循环。

然而，如果不同的刺激需要不同的响应，则可以使用简单的程序来做出动态决策。例如，许多纺织品里的开关可以成为设计中的一部分，而且，这个微处理器的开关状态也可以很容易被操作者理解，比如它们可以播放不同的声音，或点亮不同的 LED 灯。作者在第四章中展示的项圈在丝网印刷中使用银色墨水以便在领口内创建三个打开的开关，每个部分都是连接到 Arduino 处理器的单独电路。当佩戴者翻滚时，皮肤接触一次便关闭一个开关，并通过衣领中的小扬声器播放相关的声音文件。THEUNSEEN 的作品《空气》（Air），通过生物和化学处理的油墨和染料对多种环境刺激做出反应，并应用于皮革——详细的案例研究见第四章。

1.7

1.6

图 1.6
用于救生衣的仿生纺织品：外层对环境条件起反应，而内层对运动引起的体温变化做出反应，设计者在创造出一个透气系统的同时，也达到了无需频繁更换衣服的目的。两层均使用镍钛诺形状记忆合金丝。
杰奎琳·南纳（Jacqueline Nanne）。

图 1.7
一种采用热变色油墨、导电纱线和色素染料形成动态图案的编织坐垫，旨在探索织物图案变化的设计流程。
林内亚·尼尔森（Linnéa Nilsson），米卡·萨托米（Mika Satomi），安娜·沃格达（Anna Vallgårda），琳达·沃尔彬（Linda Worbin）。

非常智能或超级智能的纺织品能够对多种信息做出反应，并了解自己的状态。这种特性表明，它们与一些看似复杂的主动智能系统不同。非常智能的纺织品通常使用复合导电纤维，可以感知它们自身的性能以及外部刺激，例如温度、压力或空气质量。这些纺织品确实可以经过加工，构成或成为更复杂系统的一部分。

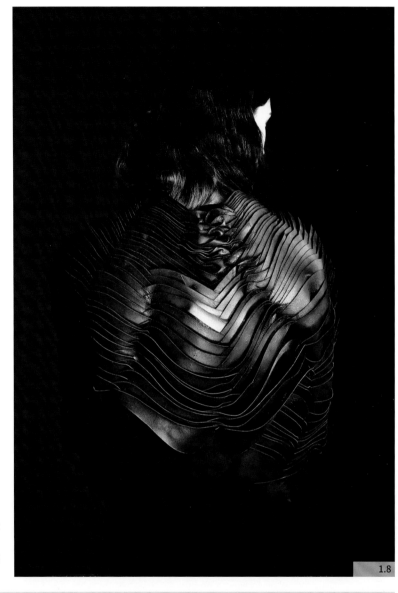

1.8

图 1.8
《空气》（*Air*）中一种皮革制成的服装，它经过特殊的化合物处理，可以根据不同的环境条件改变颜色。
劳 伦·鲍 克（Lauren Bowker）和THEUNSEEN。

练习一
分析智能纺织品项目

从一系列项目中搜集图像和说明后，使用您在此学到的一些术语创建分类系统，并将它们按被动智能、主动智能或非常智能分类组合在一起。

从智能服装到智能面料

可穿戴技术已经发展到了第三代，蒂拉克·迪亚斯（Tilak Dias）教授具体描述了这三代技术的区别：第一代，现有的硬技术形式被藏在为服装特殊设计的口袋里；第二代，通过机织、针织或缝合的方式，使技术成为织物结构的一部分；第三代，我们开始看到可以植入到织物中的带有嵌入式微组件的智能光纤。

图 1.9
纱线是由不同纤维组成的，是一种三维结构；"第三代"电子织物将电子微元件处理后植入到了这些结构中。蒂拉克·迪亚斯。

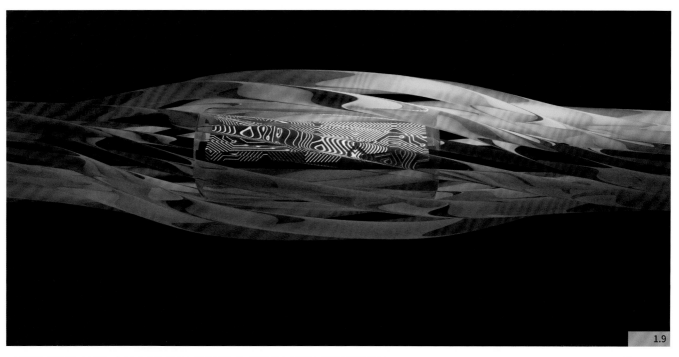

1.9

未来——智能纤维？

智能纤维是由不同纱线和材料组成的复合材料，人们可以利用它们不同的导电性能（或非导电）和机械性能（如捻拧或弯曲）来创造有趣或实用的电子功能特性。

在图 1.9 中，诺丁汉特伦特大学高级纺织研究小组的研究人员设计了一种新型工艺，将微组件封装在纤维的加捻结构（缠绕）中，在纱线的经向上形成 LED 电路。这意味着，我们使用这种纱线纺织的织物时，不再需要将额外的导电线或外部电阻及 LED 缝合到织物表面，灵活性、耐洗性和耐磨性都因此得到了改善（详见本章专题访谈）。创造智能纤维的其他工艺也在探索中，比如高分子聚合物挤压后可以形成同心层，这是一种很有前景的技术。使用这种方法，麻省理工学院的光子学研究人员已经生产出能够沿着经线的受控位置发射特定频率光的光纤。由于光有助于药物在人体内的输送，这种技术在健康领域的应用也具有一定的潜力。

未来，我们甚至可以看到用智能纤维制成的柔软有弹性的织物电池；马克西姆·斯高博格（Maksim Skorobogatiy）的这一概念在"外观和肌理就像人造皮革"的作品中得到了验证。图 1.11 和 1.12 所示是由斯高博格与 XS 实验室合作开发的两种原型织物，它们使用光子带隙（PBG）光纤在光纤层实现其功能，并利用其内在和外围的光特性进行设计。

1.11

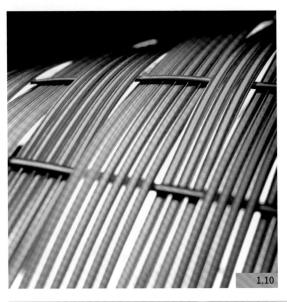

1.10

图 1.10
使用同心层排列的不同材料制成的多功能纤维。
摄影：格雷格·赫伦（Greg Hren）。

图 1.11
使用新的功能性材料探索纺织技术；采用 PBG 纤维的真丝双层编织原型。
XS 实验室和卡玛变色龙（Karma Chameleon）项目。

图 1.12
这种手工编织的发光柔性 PBG 纤维织物展示了其发光和反射光的特性。
XS 实验室和卡玛变色龙项目。

1.12

专题访谈:
蒂拉克·迪亚斯（Tilak Dias）

蒂拉克·迪亚斯教授带领英国诺丁汉特伦特大学高级纺织研究小组，研发纺织品技术。

https://www.facebook.com/
NTUAdvancedTextiles

这次访谈恰逢诺丁汉博宁顿（Bonington）画廊举办展览，展览展示了蒂拉克·迪亚斯教授在过去十年中对智能和交互式织物的研究。"针织诺丁汉"展览（Knitting Nottingham）（2014）中展出了包括为耐克飞织鞋（Flyknit）、织物加热元件和弹性传感器，以及针织 ECG 传感器所做的早期概念验证阶段的研究。

您能告诉我们您为耐克飞织鞋所做的工作吗？

在我看来，针织面料算不上是一种智能材料——它是一种创造无缝鞋面的技术面料。这家公司来找我们的原因是，他们发现自己的供应链管理存在很多问题：他们常用的面料来自六到十家面料供应商，这些面料在不同的国家生产，还必须将它们全部运到不同的制鞋厂，这引发了很多连锁问题，也促使他们开始尝试单件式鞋面的制作。

不同的面料在鞋面的不同区域会使用不同的模版，所以真正的创新之处是一步编织成型——如果仔细观察鞋面结构，您会发现我们在单件针织物中已经实现了这一点。我们在 2003 至 2004 年前后完成了这项工作，但耐克花了大约六到八年的时间才将它完全商业化，并在 2012 年夏季奥运会期间将它推向市场。

对这项新技术的制造有何影响？

我们开发出这项新技术的概念之后，耐克就开始推进这一项目。耐克组建了一个小型研发实验室，拥有两到三台斯托尔（Stoll）针织机。他们聘请了一些曾经在英国工作的技术人员，并与德国斯托尔公司在织造技术方面开展了密切合作。它真的开始起步了。在耐克目前的生产中，确实还有一部分产品使用了原始的制作鞋面的方式。新技术正在取代耐克现有的技术，但没有完全取代。

在展览中，我们还可以看到心脏监测器的痕迹。这是用针织传感器实现的吗？

是。我们以前称它为健康背心，因为这个想法是以测量心率和呼吸模式为根本出发点的。我们围绕这个想法开发了很多技术，从 2002 年左右开始，一直持续到 2006/2007 年前后。虽然我没有将其商业化，但它现在已经出现在市场上了。这让我们真实感悟并了解了这些针织电极和针织弹性传感器的创作方式——我们做了所有的数学建模，也更深入地了解了它们。

数学建模展示了什么？

这是我的一位博士生在 2002 年完成的工作。我们将其分解，然后完成了数学模型。当然，之后我们还必须验证这些模型，这是非常困难的，因为很难测量流经节点的电流——它们是和织物联结在一起的。然而我们却有了一个疯狂的想法，也许可以计算出流过它的所有电流，因为它是一个使用网络理论的电阻网络，我们也这样做了，最终计算出了所有的电流量。随后，我们将电流转换为热量，然后进行热映射并将其关联起来。这是我们真正验证模型的唯一方法，也是我们在不破坏结构的情况下完成任务的唯一方法，是的，数学模型和实际测量值之间确实可以完美匹配。就这样，我们获得了开发弹性传感器以及电极所需的全部知识。

为什么心电图 ECG 检测比心率检测更好?

心率只是告诉您心脏跳动有多快,而心电图则会给您更多关于心脏状况的信息,因为它正在查看"QRS"波群——心脏病专家能从中看出患者是否心脏病发作,或已经康复。图表上的 QRS 波群会显示时间间隔是否不同——如果您的某种心脏疾病正在发作,波群会告诉您这种情况会如何进一步发展,并展示心脏肌肉运动情况……当然,心脏病患者可能会错过一些心跳,在某些情况下,可能还会错失部分心电图轨迹,这就是心脏疾病的确定方法。

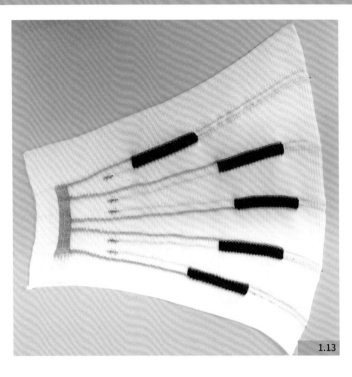

1.13

针织心电传感器足够可靠吗?

很遗憾,事实并非如此!当它静止时得到的信息很可靠,当它移动时,信息就不可靠了。所以如果我们在休息,它会给我们出具一个高质量的心电图,也可以通过将所有电极分布在衣服周围的不同位置来获取七导联心电图,这样就可以获得所有的数据。但是,如果我们开始四处走动,数据结果便会由于所谓的"运动伪影"而变得很糟糕。我们认为,数据不准确的其中一个原因可能是针织结构变形时电极在皮肤上的移动,例如走路或跑步时造成针织结构变形。电子信号首先是在心脏内部产生的,然后我们才能真正测量到心脏周围的电场。因此,当我们运动时,肌肉的拉伸便可能会导致某种扭曲。皮肤有脂肪层、肌肉层,中间还有不同类型的皮层,当您移动时它们会变形,对于一个直接与皮肤接触的电极来说更会产生偏差,信号就会被影响。所以我们试图通过增加压力使这种影响最小化,比如通过一些临床试验,我们在电极周围包裹了压力绷带以防止它们移动,但仍避免不了"运动伪影"的存在。这是一个问题。我认为心率测量是可靠的,但患者移动时测量到的心电图则不可靠。

您在展览中还展示了加热手套的案例。现在市场上有这些产品吗？

是的，这也是一个商业化产品——该公司名为埃克索科技（Exo Technologies）。事实上，正是因为这些，我才开始涉足电子织物领域。他们使用一种用碳微米／纳米颗粒挤压出来的特殊纱线——先将碳微米／纳米颗粒与硅混合，然后再挤压成纱线。这种纱线电阻含量很高，每米约4 000Ω，不能用低功率电池真正将其加热。但我们创造了一种有趣的方法——通过编织，我们可以把1m长的纱线的整体阻力降低到大约10Ω。然后，我们就可以

在手套的手指端制作带加热功能的元件了。这项技术的优点很明显，因为所有元件都是由纺织纤维制成的，所以这个产品感觉像纺织品，而市场上的其他传统加热手套都是通过刺绣或缝制金属线制成的，在使用过程中，如果这些导电铜线相互接触，就会产生热量点并烫伤我们的手。纺织技术是不允许这种情况发生的。

导电纤维的种类在这里很重要吗？

如果将一根金属线加热，那么电子在原子中运动后，电阻就会继续下降——加热时，分子移动得更快，这使得电子更容易从一

个位置跳到另一个位置，从而使阻力下降。但是这种名为"法布罗克"（Fabroc）的纱线却可以控制温度：在使用这种纱线的时候，电阻会上升，我们就可以对其进行编程和设计。同时，无论我们使用它的时间有多长，它都不会超出预定温度……这是一个自然的温控模式。这就是数学建模的有用之处。事实上，我们的出发点是真正地开发数学模型，进而开发这些加热元件，而不是开发弹性传感器。它使我们了解了很多问题，比如应该有多少个线圈横列，多少个线圈纵行，以及我们编织时它们会产生什么影响，这些知识都可以应用于传感器的制作。

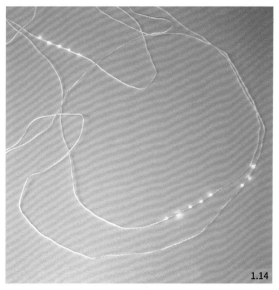

1.14

图 1.14
LED（发光二极管）光纤概念验证；
LED 已经焊接到芯导电纤维上并嵌入到纱线结构本身中。
蒂拉克·迪亚斯。

图 1.15
LED 纤维被编织成连体式服装，展示了所缺的电线。
蒂拉克·迪亚斯。

1.15

这对开发弹性传感器有什么帮助？

我们发现，对于弹力传感器来说，必须尽量减少线圈横列数量，同时增加纵行数量，所以仅编织一排或一圈线圈时弹性传感器的性能最佳。垂直线圈的数量就是线圈纵行的数量，当我们增加线圈纵行的数量时，灵敏度也确实增加了。也就是说，您可以通过增加纵行数量获得一个更长的弹性传感器，而不只是一个小小的产品。但它的工作方式完全不在数学模型的范围内，当我们用弹性纱线编织时就会发现，编织后，所有线圈纵行都会折叠，编织使导电线圈相互挤压；而拉伸时，它们则会像一系列开关一样打开，这些开关会根据结构来开启和关闭，并对电阻产生影响。我们就是以这种方式来建模的。这样做的好处是生产非常简单，而且非常可靠。此外，我们在测试中还发现，弹性传感器会随着织物使用次数的增加而改变其电气性能，但即使使用的次数再多，一旦清洗后，它都会复原。

诺丁汉特伦特大学高级纺织研究小组因其在纱线技术方面的工作而广为人知。您可以告诉我们一些相关信息吗？

好的。这项工作的基本概念是将半导体器件集成到纱线中。我们的想法是，在元件纱线上构建电子电路，然后用聚合物微型传感器封装器件，再将其封装在其他纤维中以形成纱线。当然，我们必须为其供电，但我们在单根纱线中也有无需任何电源的射频识别（RFID）纱线。它是一个集成在纱线中的双极天线芯片。这项研究计划我们才开展不久。我的一位博士生阿努拉·拉特那亚卡（Anura Ratnayaka）已经开发了将微元件焊接到元件纱线上的技术。我们已经有了这些令人兴奋的概念验证示范器，也在世界各地展示过了。现在仍然处于研发的早期阶段，它们必须全由手工完成，速度太慢，所以我们正在努力使之自动化。时装和纺织品设计师正在与我们合作，共同研究开发这类纱线的服装和产品。

使用背景

技术型织物在 12 个成熟行业中得到业界的认可（如图 1.3 所示），但智能织物尚未以这种方式进行分类。医药、体育和娱乐以及汽车行业正在形成一股强劲的势头，如果将技术型织物也视为一种模式，智能织物在充分发挥潜力之前还有很长的路要走。目前的趋势发展报告差异很大，但许多人认为，如果智能织物能够成功地商业化，人们对平板电脑和智能手表的痴迷可能会昙花一现。我们还应记住，织物的使用范畴是非常广泛的——它们可能出现在我们身上或身体内部，也可以是我们周围建筑环境中的组成部分。

国际研究网站"阿辛特克斯"（Arcintex）明确表示想要参与这些领域的发展，并协同交互设计师、智能纺织和建筑研究人员，思考他们将来合作的方式。第二章讨论了与智能织物开发人员合作的其他新兴设计学科（如交互设计和服务设计）的需求，以便考虑智能环境和服务中日益复杂的用户体验。

这一点尤为重要，因为智能织物只是更大的发展势头的一部分。在此之前，无处不在的计算还只出现在科幻小说中，但智能手机、平板电脑和云计算等使这个概念成为现实。现今，人类的愿景则是物联网，即一个每个物体都嵌入智能功能的世界。

在人体中

传统的纺织工艺和结构可以将复杂的植入式设备应用到医疗行业。涂有生物相容材料（如金刚石、聚合物和纯氧化钛）的纤维可以被人体接受，并且可以制造出心脏手术和关节重建的支架。有的设备能永久性存在，有的则能溶解在体内（例如聚乙醇酸），人们便以此为依据来选择材料，并且将受到相关机构的严格监管，例如英国的药物和医疗保健产品管理机构（MHRA）及美国的食品和药物管理局（FDA）。

虽然某些材料我们很熟悉，例如聚酯纤维，但是人们还是一直在寻找性能更好的纤维。埃利斯发展有限公司（Ellis Development Ltd.）是一家专注于外科植入物的英国纺织品咨询公司，使用一种名为 Spidrex 的模拟蜘蛛丝的新型生物材料，合作开发了用于神经和软骨修复、骨移植及伤口闭合的产品。这种纤维具有生物相容性，可在几个月内被人体吸收。它可以作为一个培养细胞的平台，并最终创造出复杂的组织结构。

虽然蜘蛛丝本身具有生物相容性，且许多年来已被不同文化背景下的人们用来治疗伤口，但"斯皮德雷克斯"（Spidrex）是设计仿生学的一个例子——其纺纱过程受蜘蛛丝和蚕丝生产丝绸的方式所启发，使用的纤维是加工过的蛾丝。该工艺从浓缩的蛾丝蛋白溶液中挤出单丝，并生成分子排列良好的纤维，从而制造出非常坚固和灵活的材料。

图 1.16
刺绣既可以实现美观，也可以拥有功能性；这种用于重建手术的肩部植入物可使生物组织再生。
彼得·布彻（Peter Butcher）和朱利安·埃利斯（Julian Ellis）。

1.16

在这些应用中，针织结构可以与陶瓷或金属一样坚固，同时仍然保持高度的柔韧性，当我们需要边缘不会磨损的小孔时，这个结构便很有用。BMS 等公司与原始设备制造商合作，使用纺织工程软件，根据其特定需求创造定制纺织品结构。

编织工艺允许我们在单个结构中灵活使用不同材料。我们还可以用三根或更多根线缠绕在一起形成扁平或中空的结构（如图1.18所示）。当然，考虑到最终用途，我们要小心地控制其柔软性、柔韧性、孔隙率、可降解性和可扩展性等特性。目前，它们被典型地应用在包括护套、肌腱和韧带固定、缝合线中，同时，它们也可以成为其他设备的载体。

一些智能材料，如形状记忆合金（SMAs），已经在植入物，例如骨夹、导丝或正畸导线中，使用了数十年。最近研发出来可以用来扩张心血管的支架、导管，也是整形外科使用的植入物。SMAs 在精密医疗设备中的潜力巨大：可生物降解的形状记忆聚合物在加热到40°C时，能在20s内从其临时形状转变为母体形状。研究者们正在研究其他材料，如磁性 SMAs。多孔 SMAs 可用于提高弹性，因此，人们相信它有着制造生物医学泵的潜力。当然，它也一直存在一些问题，包括耐腐蚀性方面和对 MRI（磁共振成像）程序的影响。非常智能的设备在获得批准方面仍处于初级阶段，但仍有一些正在开发阶段的技术概念，比如智能支架和自动打结的"智能"缝合线等。

监管问题非常复杂，开发人员需要在此过程中尽早寻求建议。由于缺乏智能织物的经验，又要寻求适当的分类标准和产品先例，人们总觉得监管机构好像在不断地改变评判标准；对设备、材料以及药物的概念界定也越来越难了。

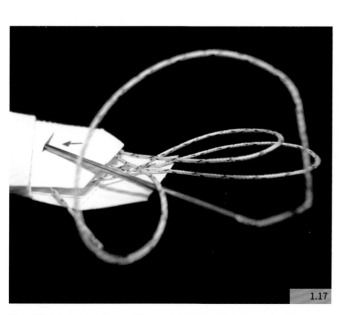

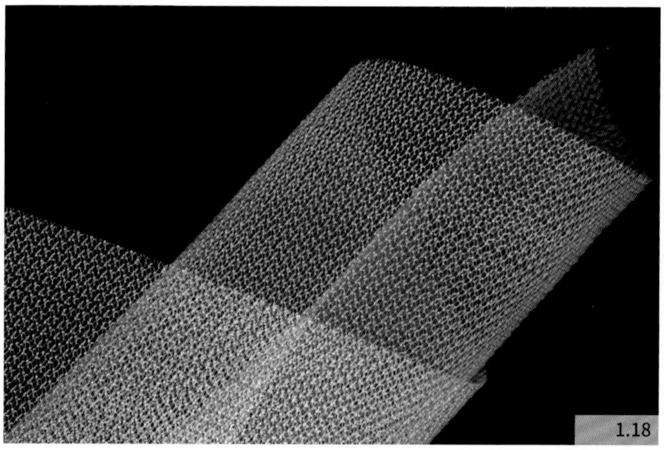

图 1.17
Spidrex 手术缝合线；以蜘蛛丝为灵感技术生产出的生物相容性纤维。
牛津生物材料有限公司（Oxford Biomaterials Ltd.）。

图 1.18
不同的织物结构可用于不同的手术场合；这种网眼是由针织单丝制成的。
生物医学结构公司。

在体表上

因为可穿戴技术和技术的定义都有待讨论，因此涵盖了相当多的产品。如果技术是人类能力的延伸或强化，那么我们可以将所有形式的服装，以及弗莱尔·罗杰·培根（Friar Roger Bacon）在他的《大著作》（*Opus Majus*）（约 1266 年）中讨论的第一个矫正光学镜片，都归类到可穿戴技术中。然而，这个技术最近却尝试将计算技术嵌入到服装和珠宝中。手机有时也会被看作一种可穿戴技术，而智能手机更是毫无疑问地成为廉价数据收集中心，对于进入商业可穿戴设备市场的新进者来讲，具有重要意义。智能手表和苹果公司的"沉浸式"智能眼镜（iGlass）正在获得越来越多的关注，在本书英文原版撰写时，苹果公司即将发布其首款智能手表。然而，智能织物为时尚和纺织品设计流程的结合提供了更为广阔的市场前景，"时尚"变得比技术所引导的时尚更为时尚。耐克已经展示了一种成功的意识技术设计方法，他们可以为个人目标的设置和训练来监控身体的信号。他们没有在"耐克+"（Nike Plus）系列产品中引入任何新技术，而是有了一种新的认识——使用标准计步器和心脏监护仪给跑步的用户体验，就像在做心电图的时候使用电子表格一样，而此产品的宣传视频则传递出了一种更兴奋且个性化的体验。

还有一些用纺织品对产品进行生物传感的方法，有很多研究机构正参与其中，包括早期的概念验证工作，比如佐治亚理工学院的穿戴式主板（后来的智能衬衫），以及诸如塔拉·卡里吉（Tara Carrigy）的可以进行视觉反馈的瑜伽服等艺术家项目；商业化产品方面则包括埃克索科技的加热户外服装和运动装等。总部设在芬兰的运动服装"服装+"(Clothing+)因其将五金件连接到织物上的方式改进为导电织物，从而实现了既保持拉伸又能在穿着时处理应变问题的目标，取得了成功。

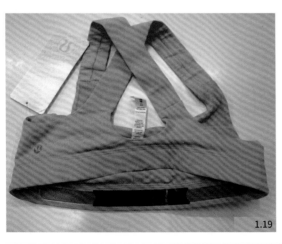

图 1.19
服装＋心率监测器；在服装中嵌入电子产品。一种可行的商业工艺。米科·玛米法拉（Mikko Malmivaara）。

图 1.20
Nike Plus 能 耗 手 环（fuelband），既时尚又有技术含量。耐克。

当然，时尚作为一种设计范畴的概念，可以让我们玩转日常且具有戏剧化的创意。这在硬件仍然庞大且不灵活的时候特别有用，这意味着尺寸大小可能是一个特征而不是问题。电源和部件的实际易碎性问题已经可以在时装表演的"亏损市场领导者"作品、一次性的演出，或者为红毯设计的作品中得到解决。因此，娱乐行业为可穿戴设备开发者提供一个有价值的平台，以验证媒体高度感兴趣的概念设计。"可爱电路"案例一直与凯蒂·佩里（Katy Perry）等公司合作，直到 2014 年，他们成为第一家将完整的可穿戴设备系列送上 T 台的可穿戴技术公司。案例研究见第二章。

为可见性设计是工程界和时尚界协商其基本假设的地方。可穿戴技术原本打算完全隐藏在现有的服装形式中，但纺织品和时装提供了控制系统中哪些部分可见、何时可见以及对谁可见的方法。其中很大一部分取决于我们理解技术功能性的方式，不论消费者是否想要早期的 Eleksen 和李维斯（Levi's）案例中的织物键盘，还是照明本身是否就是一种功能，如亚历山大·王（Alexander Wang）和艾克瑞斯（Akris）的 2014 秋冬时装秀系列 [与福斯特·罗内尔（Forster Rohner）合作]。

随着智能织物技术的进步，日常穿着大家可接受的可穿戴技术变得越来越常见。内衣公司现在喜欢上了热变色或变色油墨，并将它们应用于奢华内衣上的镀金线。可爱电路和福斯特·罗内尔等公司在帮助改变导电纱线制造方面发挥了重要作用，它们与日常可穿戴技术应用更加兼容，减少了磨损（因此互连更可靠，短路也更少），并且对机械的磨损也更少。

图 1.21
第一个完整的可穿戴设备系列，在预定的时装秀上展出，纽约时装周 2014 秋冬的压轴秀，采用动态 LED 服装。Cute Circuit 公司。

图 1.22
在福斯特·罗内尔和艾克瑞斯的项目合作中，光被视为美学表达的一部分。在这些服装中，LED 不是动态的（它们要么打开，要么关闭）。2014 秋冬。

智能面料行业的主要动力是功能性服装。功能性服装是指专门为极端条件设计的服装，如消防、极地探险和太空。技术和智能面料相结合，为人类在最不适宜居住的地方创造宜居的环境。对这些服装来讲，测试是至关重要的环节，因为这些服装往往会被重复使用，所以必须符合国际标准（例如，参见 Inditex 的服装安全穿着报告）（2015），只是这类服装的分类依然很困难。在图 1.23 所示的 EVA（舱外活动）套装中，部件和动力路线上的磨损被最小化，因为非延伸线是跟随身体结构变化的（也就是说，只要沿着这些路径放置关键部件，它们不会因四肢或肌肉的弯曲而损坏）。赛伯肯有限公司（Cyberquins Ltd.）制造的"奔跑者"（图 1.24）原型是明尼苏达大学露西·邓恩（Lucy Dunne）副教授实验室的一员，她借此对运动中的技术和智能面料应用进行测试。

1.23

图 1.23
EVA（舱外活动）生物服研制目的是将嵌入宇航服弹性底层的生命支持系统的机械应变降至最低。
麻省理工学院达瓦·纽曼（Dava Newman）教授：发明家，科学与工程方向。

图 1.24
"奔跑者"是一个移动的人体模型，用于观察行动中的服装性能。
赛伯肯有限公司，明尼苏达大学，露西·邓恩。

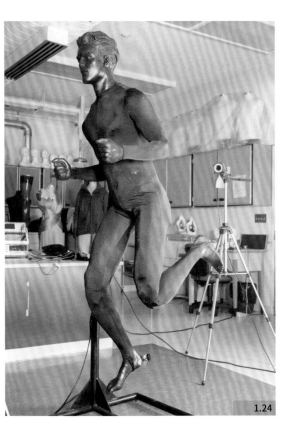

1.24

关键问题？

日常智能纺织产品、功能性服装和可爱电路公司的"银河连衣裙"等项目有何不同？

在建筑环境中

智能织物也可以管控环境状态，只要监测有效，那么技术型织物的任何应用都可以智能化。高度互联的前景使我们迅速从固定的桌面世界走向实际计算世界；"物联网"在当前是一个短语，它可以帮助我们来解释日常物品既能嵌入传感器和执行器，又可以连接到庞大的网络的原因，就像我们的智能手机、平板电脑和电脑那样。智能织物在未来的作用仍在编写中，这为不同学科的未来都提供了巨大的空间。当前有很多有助于实现这一目标的重大进展，包括用于无线通信的刺绣天线、编织电池和能量收集材料等。有关电子纺织品组件的创新方法，请参见第四章。

智能织物除了可以应用在家庭和办公室内部，还可以出现在承重结构和适应气候条件的自适应建筑中。纺织结构的强度和可寻址性是其主要优点。珍妮·萨宾（Jenny Sabin）是一位对身体和纺织结构感兴趣的建筑师。她研究纺织结构，如针织，并尝试通过一系列工艺（包括铸造和加法制造）将它们转化为建筑材料，以不同材料制造承重织物结构。更便捷的程序会带来更奇妙的理念：图 1.25 所示的名为"分支形态发生"的作品完全由束线带（超过 75 000 根）组成，代表了我们肺部相互作用的血管细胞所施加的力网络。菲利普·比斯利（Philip Beesley）构建了沉浸式互动环境，他称之为"悬浮的土工布"，电活性聚合物在张力下被开发出来，创造出可以显著改变形状的结构。相变材料，比如镍钛诺等，可以与织物结合后形成移动结构，但它们通常缺乏移动较重负载所需的力。图 1.26 展示的这个案例可以证明一个理念，即控制温度和明暗度的建筑"皮肤"，可以用那种经触碰能改变形状的材料来测试。

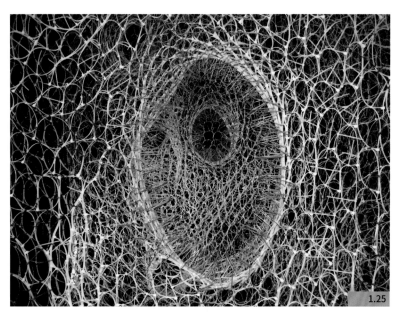

1.25

图 1.25
"分支形态发生"，实验工作室（LabStudio），2008；使用塑料扎带打造的人性化环境。
珍妮·萨宾，安德鲁·露西亚（Andrew Lucia），彼得·劳埃德·琼斯（Peter Lloyd Jones），最初在 SIGGRAPH（计算机图形图像特别兴趣小组）2008 年的设计和计算画廊展出，随后在奥地利林茨的电子艺术节（Ars Electronica）上展出（2009—2010）。

图 1.26
新生代地面；使用形状变化材料的概念
证明自适应架构。
PBAI。

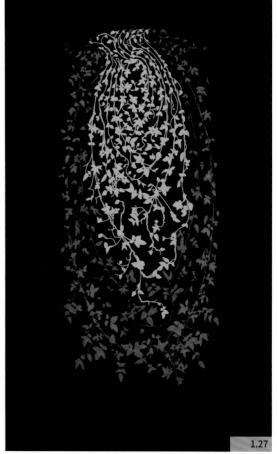

图 1.27
数字黎明；一种窗帘，可以用电子传感
器监测光照水平的变化，并触发图像的
变化。
LoopPH 工作室的雷切尔·温菲尔德
（Rachel Wingfield）。

图 1.28
布罗斯大学的 EAP（电活性聚合物）
研讨会。人们可以用 EAP 构建出灵活
的框架来约束运动方向；在这里，它们
是一个能构建移动表面的模块。
迪莉娅·杜米特雷斯库（Delia
Dumitrescu），安娜·佩尔森和瑞卡·塔
尔曼（Riika Talman）。

当作皮肤的织物：化学、细菌和纳米

我们可以把"纺织品当作皮肤"看作一个比方，或者直接用字面意思来理解。如果我们用拟人手法来理解，智能织物可以有神经（感知能力）、神经系统功能（电脑处理）和肌肉（驱动）。如果要将织物视为皮肤，我们就要记住皮肤所拥有的各种功能。大卫·布莱森（David Bryson）列出了其中的一些，包括防摩擦、防干燥、防紫外线和防细菌感染；可产生维生素 D；皮肤是一个富于变化且可延伸的感觉器官，可以排泄水和盐，调节体温，还可以储存包括糖原和脂质在内的能量。

当我们继续掩盖它时，很容易忘记皮肤的能力。

布莱森, in McCann 2009: 101

一些研究人员，如克莱门斯·温克勒（Clemens Winkler）和斯蒂芬·巴拉斯（Stephen Barrass），研究了皮肤的传入方式（感知外部状态并将信息传递给中枢神经系统）和传出方式（向身体发送信息并感知内部状态）。这些工作都和摩擦电效应有关，也就是说，接触或摩擦能在材料中产生电荷累积。温克勒的"很紧张"（Tensed Up）系列还研究了"大气中的电荷是否可以通过细纤维和人体皮肤带电的电荷来发挥作用"这个课题。

巴拉斯的研究包括超声处理（我们将声音解释为信息的方式）和织物界面的交互。以这两个研究目标为根本，他利用智能纺织品开发了许多有趣且公众可以共同参与的项目。与艺术家艾力尔特·里奇（Elliat Rich）共同开发的"邋遢淘气鬼"（Scruffy Scally Wag）是一种"触织物"，或可称之为活性肌理织物的原型。在摩擦破旧的尼龙毛皮时，它会有"感觉"，并且还能摇晃着它的三个小附件以示回应——尼龙相对电荷的变化通过导电纤维网络传送到微处理器，微处理器测量变化并指示尾部马达运转。当我们使用各种材料和电压来工作时，我们就要预测结果的有效性。比如说，使用聚氨酯泡沫塑料来模拟可穿戴设备就可能有问题：泡沫塑料带正电荷，任何其他处理，如重复切割和成型，都会产生电压，只有把电完全释放才行，所以经常这样就会损坏其他组件。另一方面，公共建筑中的一些预防措施也可能会让项目往相反方向发展。比如 2007 年在堪培拉"现在穿"（WearNow）研讨会上首次展示"邋遢淘气鬼"时，因为博物馆礼堂中的地毯是防静电的，展示没有成功。

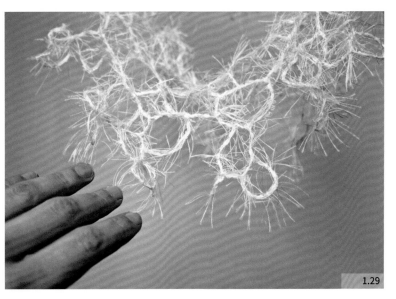

1.29

图 1.29
"很紧张"系列是一个利用某些材料的静态属性的项目。
克莱门斯·温克勒。

在巴黎研究时，斯蒂芬注意到巴黎人戴围巾的方式很特别，他也被无处不在的"空气吻"所逗乐，并将这些与他的"外星人"作品结合在一起，创造了"隔空之吻"（L'Escarpe a'Bisous）。这是一个简单的系统，可以让人们看到两个人之间的静电，并通过围巾来传入和传出。斯蒂芬觉得他不是纺织品设计师，相反，他只是根据我们通常不会注意到的机电特性或我们熟悉的文化含义，使用现有的织物作为他项目的基材罢了。他的工作之所以成功，是因为它产生的互动明显且有效。

虽然这类研究的大部分工作都与仿生膜有关，但我们要切记，不管是细胞，还是其他生物，包括人类，都是生态系统中的一份子，在这个生态系统中，只有死才能有生。作为诺贝尔纺织品项目的一部分，卡罗尔·科莱（Carole Collet）常常会与乔治·索尔顿（John Sulston）爵士合作，该团队的部分成员因发现有关细胞的程序性自杀行为而获得诺贝尔奖。科莱的自杀式纺织品系列就引用了这一概念，她在自杀式坐垫的结构中使用不可生物降解和可生物降解纤维，所以坐垫的形状和外表会随着时间的推移而发生变化，在生物可降解纤维缓慢降解后慢慢会呈现其最终形态，整个变化模拟了程序性细胞死亡（PCD）的过程。

图 1.30
"隔空之吻"项目：触感织物传感器和震动马达。
斯蒂芬·巴拉斯。

图 1.31
"隔空之吻"项目：互动。
斯蒂芬·巴拉斯。

图 1.32
作为诺贝尔纺织品项目的一部分，自杀式坐垫使用不可生物降解和可生物降解的纤维来强调生命周期过程。
卡罗尔·科莱，2008。

在这个合成生物学和纺织品设计的新交叉点，前瞻设计提出了分子层面的工作。当科学家证明了金纳米粒子与DNA结合的可能性后，科莱在"生物蕾丝（BioLace）"项目中讨论了植物形态细胞编程的潜力，以期在未来生产出可持续纺织品，也就是说生命的基本组成部分可以高度导电。正如科莱所说："生命技术即将重新为设计师可用的材料和技术领域定位。""生物蕾丝"项目包括一系列虚构的照片和动画，它试图充当"探针"或对未来设计的挑衅，以达到合成生物学在未来安全生态制造系统的特定方向上发挥作用的目的。

与科莱一样，XO工作室和其他人构建了前瞻性项目，他们质疑了科学、技术和设计的未来，展示了在纤维结构和生态系统中捕获、演绎和渲染关系密切的生理数据的方式。他们利用"布贝尔裙"（Bubelle Dress）等作品的时尚潜力以及纹身等现有（亚）文化习俗来定位未来的技术。图1.35所示的"肤吸（Skinsucka）"项目探讨了包括成群可自激的生物微生物的情景，这些生物微生物通过产生新的纤维网来清洁皮肤，并修饰身体。

在使用组织工程学时，刺绣等纺织技能会发生什么变化？

艾米·康登（Amy Congdon），2015

图1.33
BioLace，一个探索潜在可持续纺织品生产的设计作品。
卡罗尔·科莱，2012。

图1.34
索尼娅·鲍梅尔的项目"有质感的自我"（Textured Self）将细菌图案转化为织物皮肤。
由荷兰的蒂尔堡纺织博物馆（Textiel Museum Tilburg）委托。

1.35

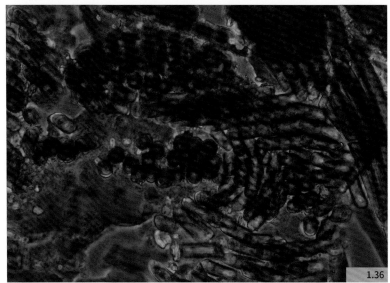

1.36

索尼娅·鲍梅尔（Sonja Bäumel）的作品"有质感的自我"（Textured Self）尝试从身体内部入手，将某一天她身体表面的细菌转化为手工编织和钩针编织的轮廓，以展示她皮肤上细菌的数量、颜色和结构。索尼娅觉得皮肤是一种膜，并沉溺其中，她觉得它是我们与世界之间的一个会呼吸的界面。与此同时，苏珊·李（Suzanne Lee）也通过细菌培养来创造柔软灵活、类似皮肤的材料，她像处理织物一样，探索"生物设计的未来"这个课题。她探索的微生物及物质包括真菌、藻类、纤维素、几丁质和蛋白质纤维。作为她在进行的生物时装（BioCouture）项目的一部分，她利用浴缸等日常用品为微生物创造了发酵和生长的环境。

艾米·康登（Amy Congdon）则尝试让皮肤细胞在织物支架上生长，灵感来自于被重构的医疗植入物的纺织品结构。她在西澳大学负责"共生A"（Symbiotic A）项目期间，通过定制设计及构建个性化生物和化学功能的织物来提供工艺服务。同时，英国布莱顿大学的项目旨在构建化学功能性纺织品，以应对温度或污染等外部刺激，通过吸收或催化眼前环境中的污染物来保护佩戴者。图1.36所示的图像是用GFP+hBMSc细胞接种的丝线手工编织的支架横截面，并使用被称为血红素的标准组织学染色剂染色，该染色剂可将细胞核染成紫色，丝线着色很成功。

图1.35
"肤吸"项目，2011；一个对未来场景的设计探索。莱夫·凡·希尔登（Clive van Heerden），杰克·玛玛（Jack Mama），南希·蒂尔伯里（Nancy Tilbury），巴特·赫斯（Bart Hess），哈姆·任西科（Harm Rensink），彼得·加尔（Peter Gal）。

图1.36
手工钩编的支架横截面（以20倍放大率显示），用染色的hBMSc（人体骨髓）细胞培养。
艾米·康登。

练习二
织物如皮肤：关于功能的思考

探索皮肤、服装和建筑之间的关系。
它们分享了哪些功能，以及它们如何相互沟通？

梅特·拉姆斯加德·汤姆森在丹麦皇家建筑学院创新研究环境 CITA 工作。她将工作重点放在行为架构上，通过开发定制复合织物来探索新的设计范例，尝试将传感和驱动紧缩在一起形成一个结构。在这里，她介绍了三个项目："倾听者"（Listener）、特定场景幕帘和一个十米高的塔。

可以评论一下皮肤在工作中的隐喻吗？

实际上，我们对此有很多想法——我们所做的一个研讨会叫作"表演皮肤"（Performing Skins）……我的意思是，关于谈论建筑中的皮肤和膜的想法。对我们来说，皮肤具有多种性能——不仅能压缩感应和驱动，还能压缩结构和构造。同样，关于针织的有趣之处在于，它不是一个简单的叠层，您不仅仅是把物体贴在一起，织物的每一个动作都能带来新的表现……所以把这些东西放在一起，用皮肤作为比喻，是非常有趣的。

如何在"倾听者"项目中探索这些想法？

因为感知和启动是一回事，也就是说您与材料有直接且非常直观的关系，您与材料互动时，它会发生反应。在建筑环境中，我们直接生活在其中，它不像具有界面和按钮的电脑，我们从属于空间环境，对这些界面的要求是，形成自我与空间之间直接关联的一部分。我认为有趣的是弄清楚如何创建这些界面，并了解它们的要求是什么。

我们把听众想象成一种与床相关的毯子；它有自己的气息，您与它可以互相倾听。我们对苏菲·卡尔（Sophie Calle）的睡眠项目非常感兴趣，在那里她与许多不同的人分享了她的艺术装置——床。我们很喜欢这种互动的想法，它不是有意识的选择行为，而是与生活相关的更有节奏的东西。

"倾听者"项目是如何构建的？

不同的材料要有不同的特性，我们想了解单一材料创建的方法，以便获得多种性能。"倾听者"项目集成了三种具有不同特性的光纤：一种是导电银涂层光纤，用作传感器，当您把手放在它上面时，它就像一个能量传感器，这时，您正在改变织物周围磁场中的电荷；另外两种材料分别是能像莱卡一样拉伸和收缩的弹性体和一个高性能聚乙烯"大力马"（Dyneema）网络，因此，"倾听者"不仅是一个结构像气球的物体，还是一个将资料保存在太空中的网络。

这个项目的主要研究成果是什么?

"倾听者"实际上是很多项目中的一个。目的之一是思考我们与互动共存的方式，目的之二是了解和解决这个问题的技术方法，目的之三是规范项目产生的材料问题。它也需要界面构建。项目的很大一部分是创建我们自己的定制界面，直接从建筑 CAD（这是我们绘制的方式）程序输出到针织机上。在 CAD CAM 机器运行的软件下面，直接写入机器代码，这样我们就可以在设计环境中直接驱动机器。这些机器在 BASIC 中运行，这是一种非常古老的代码语言。事实上我们可以探索软件更深层的地方，也就是说该项目也关乎不可重复织物的定制方式。大多数织物都是以重复图案为构建原理的，但在我们的项目中，一切都和定制有关，我们思考的是如何通过各种方式来实现。

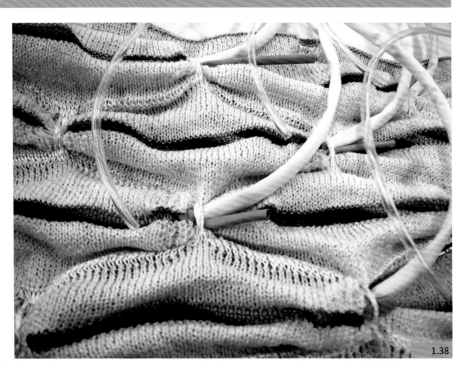

1.38

图 1.37
"倾听者"针织行动；一种将气动单元与软开关结合在一起，不断对环境做出反应的面料。
梅特·拉姆斯加德·汤姆森。

图 1.38
"倾听者"项目细节，展现了嵌入织物结构的细管正向气动细胞供给空气的瞬间。
梅特·拉姆斯加德·汤姆森。

1.37

"倾听者"项目会对人的存在做出反应，特定场地幕帘项目也是这样吗？

不，在这个项目中，我们一直关注的是如何使用感知信息来进行设计，而不是用它来驱动。这些信息要反馈到设计周期中，最后形成定制织物。我们没有使用 3D 扫描，3D 扫描具有其局限性，我们是用传感层来开发设计标准的，然后通过它编织或创建特定用途的定制材料。这真的很有趣，因为它将智能放在参数中，而不是动作中。它仍然需要传感，但传感是以某种方式作为设计周期的一部分而不是作为最终对象的一部分。我们制作了一个缝制而成的幕布原型，包括所有电子设备和传感

器等，我们把它挂起来，在特定时间段内读取空间数据，并将这些信号处理过的数据作为设计周期的输入值，同时，特殊的针织表面也当幕帘来使用。想象一下，如果我们有一个一头亮另一头暗的空间，那么我们可以制作一个不那么透明或更透明的窗帘，使空间中的光达到平衡。

您想用针织工艺来建造一座塔，是想要达到什么目的呢？

我们再次使用设计环境和针织设备之间的界面，根据其结构承载能力定制针织表面。该项目真正关注的是如何在建造塔楼时使用物理弯曲和薄膜作用，有点像现代帐篷，

里面有碳管，它们在拉伸膜与碳管的压缩力之间有着类似的关系。由于针织材料的可拉伸性和轻柔性，针织工作既有趣又复杂。我们正在研究回弹性，期望设计出一个在环境影响下既可移动又可站立的软塔。我们还在为玻璃纤维管定制针织口袋，这样它就可以变得立体。我们从"倾听者"项目中学到了很多东西，因为它包含了整个界面和设计过程。虽然它不像幕帘那样智能，因为它没有使用任何传感器带，但它仍然是智能的，我们可以尝试和理解定制织物的方法，为其所处的环境发挥效能。

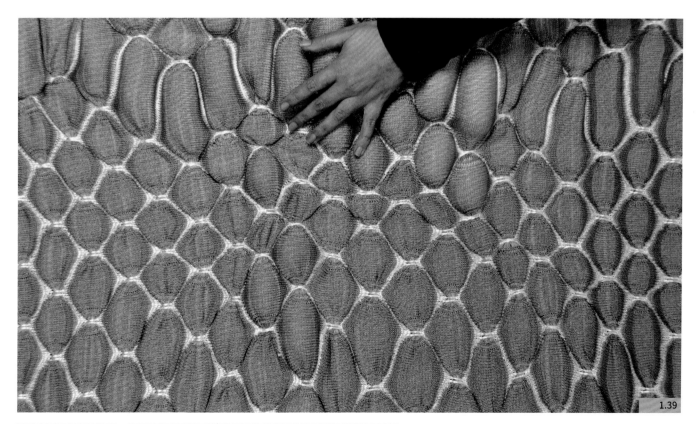

1.39

章节总结

推荐阅读

第一章讨论了智能织物和技术型织物之间的区别，以及它们与可穿戴设备或可穿戴计算之间的关系。应该注意的是，这些术语是有争议的，事实上，不准确地说，"智能织物"对于该领域来说只是一个有用的名称，它并没有正确描述您将在该领域中遇到的所有方法。本章意图涵盖这种材料可能出现的多种情况，并展现纱线本身的"智能"未来。

Collet, C. (2012), "BioLace: An Exploration of the Potential of Synthetic Biology and Living Technology for Future Textiles," Studies in Material Thinking, 7 (Paper 02).

Amy Congdon. (2015), http://www.amycongdon.com/biological-atelier-aw-2082/ (accessed 15 October 2015).

Ellis, J. (1996), Textile Surgical Implants, Patent application number: EP 0744162 A2, http://www.google.com/patents/EP0744162A2?cl=en (accessed 15 October 2015).

Georgia Tech Wearable Motherboard: The Intelligent Garment for the 21st Century. Available online: http://www.smartshirt.gatech.edu/ (accessed 15 October 2015).

Gupta, D. (2011), "Functional Clothing—Definition and Classification," Indian Journal of Fibre & Textile Research, 36: 321 - 6.

House of Commons Science and Technology Committee (2012), Regulation of Medical Implants in the EU and UK: Fifth Report of Session 2012 - 13. Available online: http://www.publications.parliament.uk/pa/cm201213/cmselect/cmsctech/163/163.pdf. Accessed 15 October 2015.

Inditex, Safe to Wear. Available online: http://www.inditex.com/documents/10279/130571/STW.pdf/72fa5c5d-db0e-4aca-b3a4-2cae3f9818e7 (accessed 19 February 2016).

Inteltex (2010), Intelligent Multi-Reactive Textiles. Available online: inteltex.eu (accessed 15 October 2015).

Kirstein, T., ed. (2013), Multidisciplinary Know-How for Smart-Textile Developers (Woodhead Publishing Series in Textiles), Cambridge, UK: Woodhead Publishing Ltd.

Medicines and Healthcare Products Regulatory Agency (MHRA), "Legislation." Available online: https://www.gov.uk/government/collections/regulatory-guidance-for-medical-devices and https://www.gov.uk/guidance/decide-if-your-product-is-a-medicine-or-a-medical-device (accessed 15 October 2015).

Quinn, B. (2010), Textile Futures, Oxford: Berg.

Studio XO, http://www.e-fibre.co.uk/studio-xo/ (accessed 15 October 2015).

SymbioticA, http://www.symbiotica.uwa.edu.au/ (accessed 15 October 2015).

Mette Ramsgaard Thomsen: http//cita.karch.dk/Menu/People/Mette+Ramsgard+Thomsen

图 1.39
与"倾听者"互动；针织表面也作为其环境的一部分对触摸做出响应。
梅特·拉姆斯加德·汤姆森。

智能纺织品：设计过程

纺织品设计师这个词不再是一个简单的定义，这个角色有无数种描述方式，比如工程师、发明家、科学家、设计师和创意者。

盖尔（Gale）和考尔（Kaur）2002:37

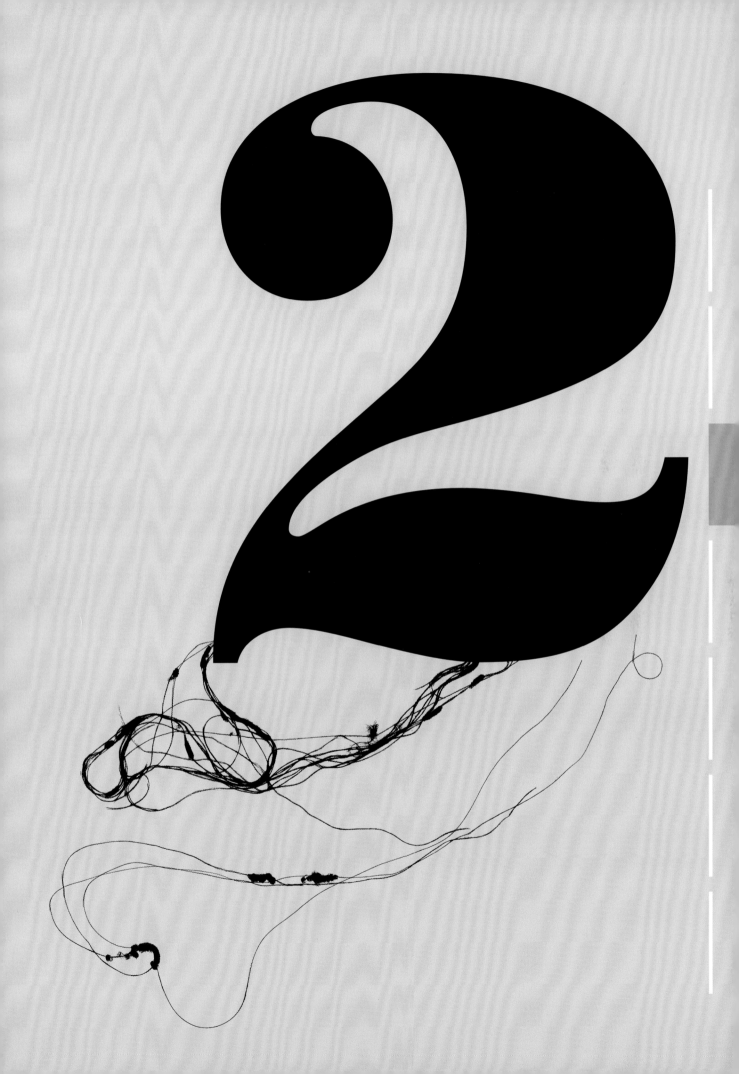

章节综述

由于智能纺织品不仅包含了符合审美要求的外在变化潜质,还拥有热能或光能等额外功能,与它们的合作可能会为设计过程带来一些挑战。本章讨论了工作室纺织实践、以用户为中心的设计,以及将交互设计作为设计过程的不同模式,并将为您提供工具,让您思考自己的实践与更广阔的创意环境之间相互适应的方法。您还将了解最先进的材料研究所带来的机会,以及智能纺织品仍被主流市场拒之门外的制约因素。

以下关于设计学科的讨论比较宽泛。如果您是纺织品设计师,可能会发现工作室实践的概述过于简单,但同时会发现交互设计和以用户为中心的设计介绍很有用,反之亦然。特别是手工艺实践的历史和分类已被大量浓缩,无法对复杂又持续的文化历史的细微差别进行公正的解读。关于这些主题的进一步信息,请参阅本章末尾的推荐阅读。我们会分别对工作室实践、以用户为中心的设计和交互设计进行讨论,其次是工业过程。

纺织业已经是一个多元化的创意领域,不同的人用不同的方法工作,它们涵盖了从高科技(如化学工程、精加工)到趋势引导、委托设计,到采用特定材料的工艺创作,再到概念实践等。将电子产品融入这些不同的工作方式的途径非常多样化,并且取决于成功的设计成果(由客户或从业者定义)的目标和标准、对过程中风险和未知因素的态度、终端用户的角色、材料的作用、与其他设计学科的关系,以及对作者和自我表达的态度。您可以将这些元素组合起来描述设计实践的模型。

维度	设计实践(例如:工作室、化学工程、工业、艺术、服务设计)
目标	
成功产出的标准(以及由谁决定)	
对风险和未知的态度	
终端用户的职责	
材料的职责	
与其他学科的关系	
对作者和自我表达的态度	

表 2.1
设计实践的维度:不同的创意领域对这些维度的态度不同。

关键问题

如何进行设计?您的目标是什么?对风险有什么态度?
使用表 2.1 来检查自己对设计过程的动机和假设。

智能纺织品:设计过程

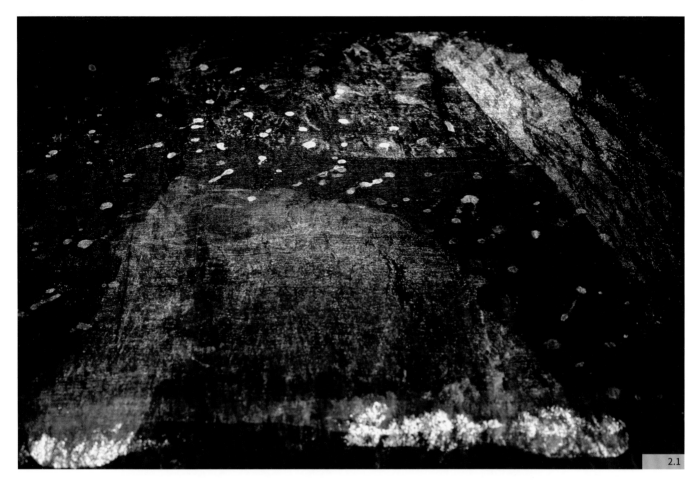

纺织品设计师和纺织品艺术家之间的差异，可以参考姜绶祥（Kinor Jiang）将新井淳一（Junichi Arai）描述为创作者而不是设计师的案例。这是以前者对纤维、颜色、质地和精加工的探索性"工艺"方法，以他纯熟的机械和技术水平为根本的，由此，他便能经常创造出新颖的生产技术和美观的面料。

相比之下，为汽车行业设计智能纺织品时则需要开发人员认真考虑纺织品的使用情况，以及它将提供的有用功能，因为这种设计的最终目标是功能性产品。纺织品设计师越来越多地与其他设计领域的创意人员一起工作，思考纺织品的特性如何与功能、用户体验以及集成技术相结合。本章讨论了工作室纺织品实践、以用户为中心的设计和交互设计，也可以用这些维度来批判性地思考很多信息，比如本书描述的内容，或者您与周围的实践活动相关的描述，以及不断涌现的新的实践活动；安娜·佩尔森的专题访谈揭示了她如何在这些学科的交叉点上定义交互式纺织品设计。第五章将更全面地讨论团队跨学科合作的方式。

图 2.1
姜绶祥，镀银：姜博士的创意实践涉及实验性金属化和蚀刻金属纺织品。

工作室纺织品设计实践

"工作室"这个单词在指代创意实践时有一系列特殊的含义。自20世纪五六十年代以来，这个词主要出现在欧洲和美国，它适用于大多数用材料和加工过程定义的工艺行业，如纺织品、陶瓷或冶金行业。在这些行业商业化的时候，为了应对制造业的工业化，日益全球化以及不断变化的价值观念，手工业的目标和市场变得更加多样化。工艺领域的严肃学术研究受到了这样一种观念的阻碍，即物体应该为自己说话，而这种物体（对观者而言）和制作过程（对创作实践者而言）的不可言喻的神秘之美只能通过分析性的探究而受损。与此同时，工艺品也开始寻求与美术同等的地位，并越来越多地在"白色立方体"画廊环境中的玻璃柜中展出。制作人的角色是一个现代主义英雄——一个独特的、个体的，通过作品来表达内在本质的人，而这位孤独天才的自然栖息地就是他的工作室。

专业术语"工作室"，在这里，将其与以用户为中心的设计学科区分了开来，这说明了卓越的个人实践能力可以为多学科团队带来强大的审美力量。随着制造商更多地使用电子产品作为材料，我们在研发美观的智能纺织品方面就开始看到相似的安全保证、参与度和技能水平——这些例子在下一章可以看到。

目前的情况很复杂，工作室的设计制作实践与其他形式的实践是一起运作的。例如，盖尔和考尔（2002）讨论了设计制造者、手工艺者和设计师以不同的方式工作，而乔冉·微贝格（Jorunn Veiteberg，2005）将当代手工艺实践描述为后现代，甚至后后现代。为了简单起见，本章专注于设计制造者和纺织品设计师的实践案例（您可能有兴趣思考自己与这些定义相关的工作，在第五章中，您能找到相关的工具）。

2.2

图 2.2
"森林"，艺术家风格印染纺织品图案。
安妮·特威廉（Annie Trevillian）。

安妮·特威廉是一位澳大利亚的印染工人，她提及了她在手绘、扫描、处理图像、绘画以及丝网印刷时的过程。通过这种方式，她可以保持过程的开放性和探索性，产生令人兴奋且意想不到的艺术效果，从而引领新的趋势。特威廉的作品展现了非常个性化的创作方式，她借此来记录、理解和庆祝她的生活；她甚至表示，她对图案的组织反映了她对秩序思维的渴望。

莎拉·布伦南（Sara Brennan）通过在放大的图纸上不断重复水平线条，并将其从纸面转化到织物上的方式，为编织挂毯探索出了一种空间感。布伦南在讨论她的实践创作时，使用了诸如纪律、克制和执着等语汇，不管是选择色卡、纱线，还是在这种媒介下完成一件作品所需的承诺，皆如此。

玛丽安·毕节兰格（Marian Bijlenga）试图通过对马毛等面料的处理来创造新的形式。她在面料"图纸"的点、线和轮廓之间的空白处进行创作，在"空间图纸"中构建节奏和运动感。

德博拉·西蒙（Deborah Simon）是来自布鲁克林的艺术家，对她来说，织物只是创作的众多媒介之一，且织物中的"毛绒"特性使她的作品在动物标本和童年之间形成了不安的联想。她将动植物的自然存在与标签、编纂和收集之间的脱节关系放大了。

2.3

如果我们要完成工作室纺织品的设计实践模型，可能会看到类似表 2.2 展示的内容。此外，大多数纺织品设计师都会采用非线性工作流程，即使是在有客户任务书的情况下，也是如此。在这种情况下，设计师通常为公司内部人员，或者是自由职业者。工作内容诸如专注于给定颜色方式（由趋势预测定义）的表面图案开发、比例关系的确定，甚至主题图形创作。市场级别（高、中、低）在一定程度上可以通过设计者在系统或团队中的创作自由度来体现。在工作室实践中，市场级别越高，原创往往越重要，这和艺术与精致工艺推崇个性化同理。通常，纺织品设计师的作品具有显著特征，人们能从一两个特定的美学特征，如纹理或图案来辨认出作者。

图 2.3
《色点》，法国，夏天。马毛，面料 25cm×25cm。玛丽安·毕节兰格，兰茨梅尔（Landsmeer），2009。

在所有的文化遗产中，没有比（纺织品）面料更丰富的东西

1968年新井淳一的话，加勒里·根（Gallery Gen）引用

范围	设计实践：工作室纺织品
目标	一系列样品和独立的织物片（例如壁挂），它们在使用正式织物的质量方面，如手感、悬垂性、操作性、结构、表面纹理和颜色等，具有创新性
成功产出的标准（以及由谁决定）	精细的工艺品质、出色的表面处理、新颖的视觉和材料语言、画廊品质的作品（制作者决定，随后是策展人、收藏家和评论家组成的精湛工艺世界）
对风险和未知的态度	这个过程由未知来定义：它本质上是探索性的，但建立在个人丰富的经验知识基础上，使用的材料和过程都相同或相似；而对象可能是什么，或者最终所有者或用户可能是谁，或许不是优先考虑的事情
终端用户的职责	很可能没有功能，因此除了收藏家、博物馆和画廊之外，没有用户；在有使用功能的地方，它既可以是典型产品（围巾、帷幔），也可以是先锋派（雕塑、小说、政治）
材料的职责	无论是对表达可能性的具体关系的探索，还是对其文化意义，都是至关重要的
与其他学科的关系	通常不被承认——任何从作品方面进行的源头探索，都被视为贸易关系
对作者和自我表达的态度	如同艺术一样，原创至关重要，并且在设计师不断演变的个人风格中得到证明。这为工作室的产品创造了价值

表 2.2
工作室纺织实践可能的
设计实践模型

智能纺织品：设计过程

艺术家的反思精神对创作成功尤为重要，特别是能够对他自己的作品进行建设性的批评。提高的关键在于欣赏他人的作品，并不断与同伴和导师讨论自己的作品，以便创造一些关键词汇，通过这种方式能够制定出对作品创造者而言重要的设计标准；它可能是您想找到创造特定纹理的最有效方法，或者可能使您对单个材料甚至机器可以提供的表达方式的范围更感兴趣。这种类型的作品对于智能织物开发中涉及的其他学科可能具有挑战性，因为它通常具有极度开放的特征。也就是说，在流程开始时可能并不清楚预期结果会如何。会有一段时间，设计师无法确定他在做什么，或者需要很长时间才能达到令人满意的结果。此外，纺织品艺术家很少会考虑使用纺织品的特定用户或场景，这与其他创意客户不同，如室内和时装设计，在这些领域，客户可以决定织物的手感或图案的系列。这一过程的结果既是创造性学科的产物，又是其他许多学科的材料。这个范畴的另一端是以用户为中心的设计，这在产品设计和开发中非常普遍。下文中的案例描述了工作室实践环境下的研究，之后会对此进行更全面的讨论。

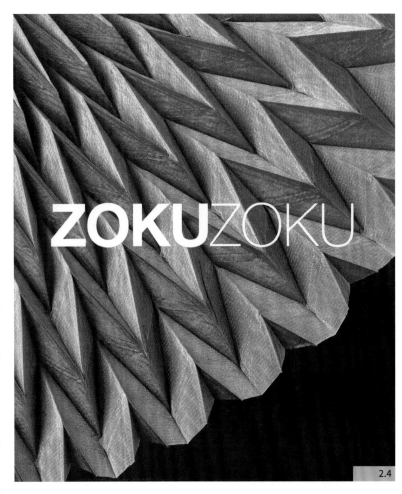

ZOKUZOKU

2.4

图 2.4 *Zoku Zoku* , Nuno

Zoku Zoku（《刺激与寒战》）是 Nuno 的一系列书籍之一，全部都是拟声词。其他 Nuno 织物唤起不同的日语象声词——boro boro（破烂），fuwa fuwa（蓬松），kira kira（闪亮），shimi jimi（凄美），sukésuké（纯粹）和 zawa zawa（沙沙声）。

关键问题

您自己的创作过程是以何种方式"展开"的？回顾已完成的项目，试着找出您觉得必须做出明确决定的地方，以及哪些地方可能尚未决定。使用日记、博客或速写本，专心致志地记录您下一个项目的过程，以便了解工作开展的情况。

案例研究：
莎拉·基斯（Sara Keith）

莎拉·基斯的案例研究很有趣，因为她跨学科工作，创造出了艺术和纺织品的集合体，同时还涉及织物珠宝和其他配饰。她给 BBC 皇家芭蕾舞团和皇家歌剧院做过服装设计，行业经验丰富。她说，歌剧及芭蕾舞剧服装设计给了她极大的创造性自由。她在格拉斯哥艺术学院取得了刺绣和编织纺织品设计学士学位，随后又在邓迪大学的邓肯约旦斯通艺术设计学院获得了博士学位。她的研究中金属和织物之间的关系紧密相连：《将银作为染料——靛蓝染色技术和电沉积的有机风格》。

基斯拥有很多截然不同的工艺技能、材料和灵感。在旅行时，她会收集当地传统的加工方式和过程，同时，她的作品也始终以家乡苏格兰的自然景观为基础。基斯在使用扎染技术创作时，会通过夹、包裹、折叠、装订和缝合材料等方式，来创造选择性染色的织物。她的金属织物是用扎染和电解相结合的方法制成的，当她在织物（欧根纱、丝绸或天鹅绒）上涂上一层银、铜或金后，便会将这些金属加工成不同的表面效果（如图 2.5 所示为抛光）；有机体和机械之间的碰撞对基斯的研究至关重要，概念、纹理和形式相互融合在了一起。

她的博士研究课题也很有趣。直到最近，通过实践进行研究生课题研究仍然非常困难，但自从陶艺学家凯蒂·布内尔（Katie Bunnell）用（当时）新颖的多媒体形式发表研究成果以后，就变得更加可以接受了。莎拉·基斯的网站展示了她的博士论文以及她编写的艺术家书籍和实物的作品；这些书分享了整个作品中细致的材料敏感性，甚至将纺织品装订技术融入其结构中。欲进一步阅读基斯以实践为基础的博士研究课题，请参阅《埃尔金斯》（*Elkins*，2014）。

图 2.5
银缝带，使用电解沉积在织物上的银，手工缝缀线和抛光工艺。
莎拉·基斯。

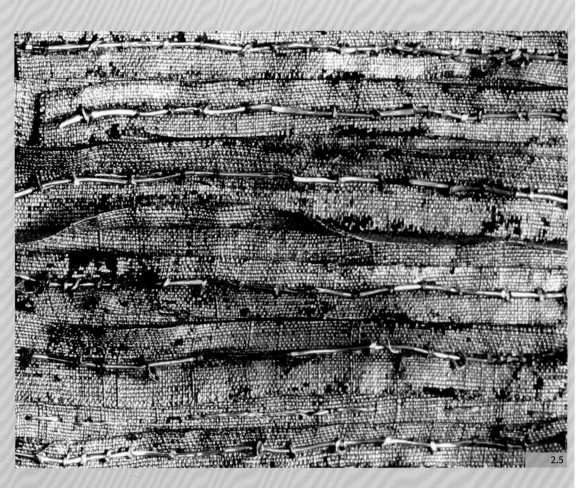

2.5

以用户为中心的设计（UCD）

以用户为中心的设计已成为工业和产品设计的关键。这种过程的目标是生成一个功能强大且有用的对象；可取性对于市场占有率和用户依赖性很重要，但通常并不是主要目标。为了实现这一目标，UCD可尽早在设计过程中识别用户及其需求。

当以这种方式设计智能纺织品时，设计师会提出如下问题：这是为谁设计的？它会做什么？用户想要用它做什么？在什么情况下会用到它？然而，这种设计过程的模式仍然很灵活，用户很可能会参与到设计的不同阶段中。在过去，用户测试是在设计周期的后期使用原型完成的，这样的缺点是，一旦发现意想不到的错误，修改成本很高。近年来，每个用户都成为了自己的生活专家，会或多或少地参与到整个设计过程中，当下最常见的是参与式设计和协同设计等，设计师作为专家的身份便直接受到了挑战。在与身体接触的智能纺织品设计应用中，用户的接受度和舒适度至关重要。最早出现的可穿戴计算实验出现在医疗领域，患者常常要把不灵活的主板绑在身上好几个月，但很少

有患者会长时间穿着一件不舒服的生物传感服装，长到它能够提供有意义的数据。其实，大多数患者根本不想穿这种能表明他们身体有状况的设备。了解您的市场、用户的期望和需求是产品成功开发的重要步骤。

汽车行业是智能纺织物的大型市场，它广泛使用用户测试技术来降低风险并确保市场需求。设计师往往会使用诸如感性工学等方法来支持汽车设计，试图让汽车能够引起我们的嗅觉（有气味的聚合物）和听觉（一扇昂贵的门的关闭声）以及视觉的关注。

在智能运动装的设计中，合身与舒适至关重要。"服装+"（Clothing+）成功开发了一项与现有导电材料合作的业务，以制造可通过心率、血压、氧气水平和水合水平等方式测量身体性能的服装。如图2.8所示，将M-Body肌电图裤(M-Body EMG)翻过来的话，是可以看见传感器的。这样的裤子是可以测量肌肉活动的，因此，在应用程序的帮助下，运动员可以准确地知道他放在每条腿上的重量，身体是前倾还是后倾。

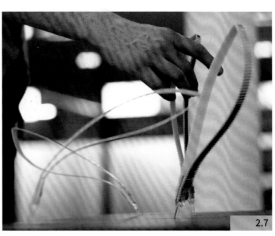

2.7

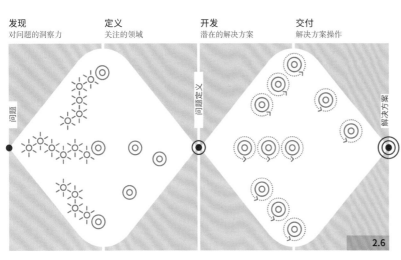

发现	定义	开发	交付
对问题的洞察力	关注的领域	潜在的解决方案	解决方案操作

问题　　　　　　　　问题定义　　　　　　　　解决方案

2.6

图2.6
英国设计委员会的双钻石工艺模型由四个主要阶段组成：发现、定义、开发和交付。
英国设计委员会，2014。

图2.7
被触摸！一个探索性的感性设计项目；每张纸的正面和背面都有电容传感器，设计师将它们连接到了平台中的伺服电机上。"直觉行为"的感性概念是该作品的主要焦点。
皮埃尔·利维（Pierre Levy）。

将智能纺织品产品和服务组合在一起的难点之一，是需要汇集所有相关领域的利益相关者。在埃因霍温理工大学 TU/e 的智能纺织服务项目（欧洲 CRISP 研究计划的一部分）中，一个由三位专门治疗老年痴呆症患者的治疗师组成的团队（一位老年护理经理、一位纺织品开发人员、一位嵌入式系统设计师兼设计研究人员）正在合作开发用于支持康复训练的智能纺织服装。"活力项目"（Vigour）上有传感器感应区，可用于监测手臂和腰部的运动，它也向我们展示了智能纺织服务对于老年患者康复锻炼的可能性。整个产品的设计过程是在利益相关者而非大学的背景下进行的：会议在纺织厂举行，用户测试则直接在实施服务的护理设备上进行。您可以在这里看到用户关于设计原型的访谈；设计师在观察期间使用特别设计的反馈表，以收集服装性能、老年患者及其护理人员反馈回来的数据。

关键问题

思考一下同一系列下的两款轿车，例如雪铁龙 C1 和雪铁龙 C5。为什么制造商给消费者提供一系列选择呢？这两种车型之间有什么区别，是否意味着每辆车都有可能被使用？谁来购买这些不同的型号，为什么？设计团队是如何了解其市场的？这些都是欧洲车，那么它们是否在美国市场销售？如果没有，那是什么原因呢？通常您应该考虑行驶的距离、汽油价格、状态和成本等因素。

图 2.8
M‐Body 肌电图裤；层压接缝和技术如激光切割和超声波焊接可以制造更舒适、无摩擦的运动和医疗服装。服装＋。

图 2.9
"活力"项目用户测试；做康复练习。
奥斯卡·托米科（Oscar Tomico）。

图 2.10
"活力"项目针织细节；长袖顶部结合了导电纱制成的拉伸传感器，对运动触发的声音或振动输出会有响应。
照片：乔·罕默德（Joe Hammond）。

交互设计

图2.11
伊奥利亚（Aeolia）拉伸传感器项目；用刺绣、针织和编织的同一花纹块制成的三件衣服。碳橡胶拉伸传感器被嵌入到线管里。
照片：卡特·诺萨（Cat Northall）和缇娜·都纳斯（Tina Downes）。

交互设计需要系统的规划和设计，这些系统包括输入（例如灯开关或交互式游戏使用的手势），将输入转换为命令（通常是但并不总是使用微控制器）的过程，以及输出（如光、声音或移动）。大多数情况下，交互设计更重视输出部分的用户体验，比如在智能环境中营造气氛或在安全系统中设计警铃。交互设计最初只关注具有屏幕界面、键盘和鼠标的系统设计，现在已经延伸到其他材料中，并对有形形式的知识和交互越来越感兴趣。这意味着界面设计已经成为许多研究人员关注的焦点，纺织品为有形且在同一位置上的输入、输出提供了机会。图2.11中，三件分别用刺绣机、针织机和编织机制成的衣服的背部都嵌入了商用拉伸传感器，设计师希望将其应用到现有设计实践中，并不断地探索更多的设计方法；这些界面首先不是由功能来定义的，而是由纺织品的创意实践所定义的。现在，它们可以被纳入一个更大的设计程序中，用户可以开发功能，并针对不同类型的运动细化传感器的位置。

在设计交互式纺织品时，应该做什么？当这些领域碰撞时，还有更多的设计决策要做，例如：

· 织物的质量如何？

· 什么时候交互？

· 它如何交互？（摩擦？处理？接触？）

· 表面应该是什么样子？

· 什么是输入模式？（即由什么触发变化？温度？湿度？接触？）什么是输出模式？（例如，声音？光线？运动部件？）

· 传达了什么样的信息？信息清晰的程度如何？

· 输出何时发生？多久？几次？

· 输出在哪里发生？在同一个物体或表面上？在世界的另一边？它可通过任何其他设备访问的云服务吗？

· 谁有权访问此输出？

· 产品如何供电？它是移动的吗？还是便携式的？

· 是否为不久的将来进行设计，即是否假设产品一旦可行就能进入市场？或者您是为五年还是二十年以后的未来市场而设计的？

如果要自信地做出这样的决定，那您就需要练习交互设计技巧和纺织品设计技巧，当您意识到所涉及的技术时，请记住您的选择对制造的影响。比如说，如果决定设计便携式产品，那就意味着您需要考虑电源管理时的用户体验，还有电源的重量和体积。交互设计技能还包括绘制可能出现的使用场景，以及借用人物角色的设计来定义用户。

图 2.12
交互设计手稿；这是一个由用户体验咨询公司 Adaptive Path 开展的研讨会，旨在突出可识别字符的使用，以及绘图者的手和目标对象之间的交互实践。

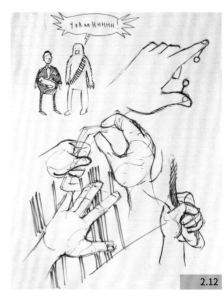

2.12

"睡前故事"（TexTales）是一个令人兴奋的项目，因为它在学术研究和商业可行性之间建立了沟通的桥梁。克里斯蒂·库尔斯克（Kristi Kuusk）开发了将二维码隐藏在儿童梭织床罩上的设计；使其可以通过平板电脑或智能手机上的识别软件读取。当讲故事的人手持的平板电脑扫描并识别织物上的图案（如编织花）时，孩子们可以通过与织物之间的游戏来控制数字图像。作为交互设计的一部分，库尔斯特觉得输出应该是即时的（没有时间延迟，并且信息没有存储在任何地方供以后使用）；它是在平板电脑上体验的，而不是在纺织品上；最后的结果是通过移动平板电脑，或者将其指向编织图案来实现的，也就是说当孩子通过移动床单来操纵屏幕上的角色时，结果可能更加活跃，输入可以是非常被动的，也可以更主动。重要的是，整个交互场景涉及多个用户——这是有目的的社交。

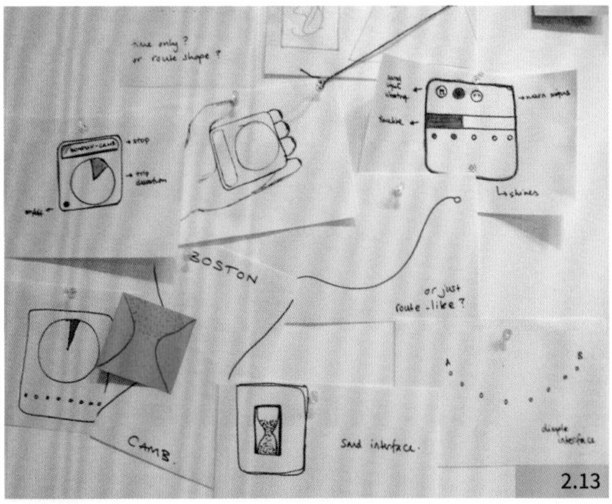

2.13

图 2.13
交互设计手稿；手稿包含界面的各个方面，从而帮助设计师做出决策，这一点非常重要。

2.14

2.15

图 2.14
睡前故事；平板电脑上的视觉识别系统会根据平面被罩中的隐藏代码创建角色。
克里斯汀·库尔斯特。

图 2.15
睡前故事；以用户为中心设计的根本理念，这样的图像既是此研究的一部分，也可以传达交互式设计理念。
克里斯汀·库尔斯特。

练习三
对纺织品交互设计正进行初步研究

尽可能多地了解"活力"（Vigour）项目及其用户。通过尝试以下步骤，考虑如何重新设计此概念，以达到不同用户群体都受益的目的：

1. 对人们的运动情况进行采访，收集有关受伤康复、运动训练，或在极端环境中工作的困难（例如消防）。

2. 从访谈中提取要点，并以此来虚构一个人物，这个角色拥有该用户群体的常见特征，也有其特殊体验。给自己设定的角色取一个名字，并加上年龄和性别。

3. 描述此角色在进行活动时的目标和典型动作。您现在有了一个可以为之设计的角色。

4. 以"活力"为出发点，问问自己该如何适应所设定角色的生活方式，如何支持该角色的活动，随后确定需要调整的地方。

5. 使用故事脚本和草图，关注重量、牢固程度，以及身体位置等方面的细节。

6. 使用故事脚本来思考所有已收集信息的相关问题。

7. 角色的精神状态怎么样？使用草图和注释来思考：他感到快乐吗？焦虑吗？有信心吗？

8. 这个故事除了这个角色之外还涉及其他人物吗？

可以在推荐阅读部分找到关于交互设计、人物角色和故事脚本的书籍和链接。

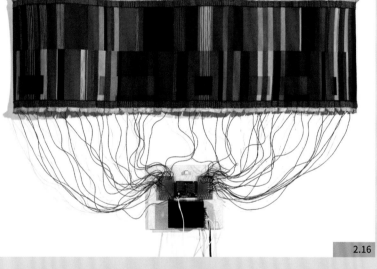

2.16

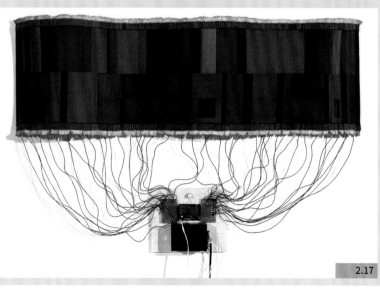

2.17

图 2.16
"百年电子艺术"（打开）；电流流过织物上的导电纱线，产生热量并改变所使用的热变色墨水的颜色。
麦吉·奥斯（Maggie Orth）。

图 2.17
"百年电子艺术"（关闭）；如果我们要为状态会发生变化的纺织品进行设计，那就要考虑关闭或打开时的不同审美表达。
麦吉·奥斯。

由于智能纺织品往往是动态的，它涉及某种状态的变化，可能是颜色或形状，因此，应该采用非传统的纺织品实践方式来处理设计中的时空问题。相关学科包括电影制作和动画、舞蹈和运动，当然还有音乐。这一领域的工作在建筑立面的设计中已经取得一定的进展，但在纺织品设计方面仍刚起步，有足够大的空间来开发自己的设计框架。我们可以聆听其他学科使用的语言，这样就能让我们在自己决策时受益。例如，动画中的帧速率，我们可以把它看作探索热变色编织中颜色变化的时间尺度的一种方式 [如麦吉 · 奥斯的"百电子艺术年"（ 100 Electronic Art Years，图 2.16 和图 2.17]，其他一些媒体初期提供的探索频率、节奏、攻击和移动表达的低技术方法也能给我们带来很多启发。这一领域的其他重要研究人员包括林内亚 · 尼尔森，琳达 · 沃尔彬，芭芭拉 · 莱恩（ Barbara Layne ），乔安娜 · 贝尔佐夫斯卡（Joanna Berzowska），迪莉娅 · 杜米特雷斯库和安娜 · 佩尔森，他们都试图对智能纺织品中的图案和结构的形式变化进行分类，并提供设计方法。

最后，服务设计领域正在不断开发和完善一系列非常有用的设计工具。在服务设计中，设计的创意过程从工作室中移出，被放置在更多的企业环境中，以此推动新思维和新产品，使程序和客户体验协调发展。由于服务设计需要涵盖不同的参与者、互动时刻（"接触点"）和情感体验，如果我们想把智能纺织品想象成更大的交互叙事的一部分，那么技术的价值含量就很高。关于体验的思考方式，例如"客户旅程"，可以帮助我们将智能纺织品定位为用户时代的一部分，也可以了解用户如何访问信息或以不同的方式进行交流。

"客户旅程"反映了客户与提供服务或产品的企业之间的所有互动内容，其中包括购买后的期望、首次沟通、购买过程和满意度等。"客户旅程"的概念由客户想要获得的经验和感受，以及企业想要提供的体验两部分组成。《这就是服务设计思维》[斯蒂克德（ Stickdorn ）和斯奈德（ Sneider ），2014] 一书是对该领域的一个很好的说明（请参阅推荐阅读），在书中，Adaptive Path 等设计咨询公司给了大量的案例网站。萨克逊大学和埃因霍温理工大学一直在合作开展一项欧洲研究项目，尝试以这种方法来支持智能纺织产品服务系统的创建，希望能以此将社会问题转化为智能纺织品创新的机会。

图 2.18
"迁移"（草图）；使用一系列静态照片来探索动画模式。

图 2.19
"旅行地图"；将很多静态照片组合在一起，构建一个结合着有形和无形两种体验的故事脚本。
凯利 · 费德姆（Kelly Fadem）。

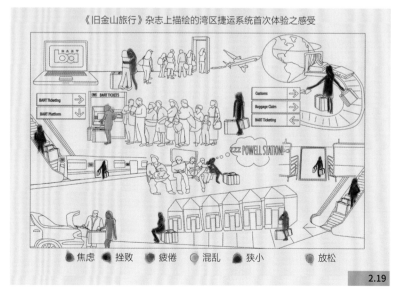

专题访谈:
安娜·佩尔森(Anna Persson)

安娜·佩尔森博士于 2013 年在布罗斯大学完成了她的博士学位。她的论文题为《探索用于交互设计的纺织材料》,在论文中,她以交流和表达为目的,研究了纺织结构中可逆和不可逆的变化。

您从另一门学科跨越到纺织品设计,对吗? 在这种情况下,您遇到了哪些困难和机遇?

是的,我来自交互设计专业,在硕士研究生期间,我在与瑞典纺织学院的合作项目中接触了交互纺织品。从那时开始,我对交互材料特别是纺织品材料的兴趣就越来越强烈。交互设计背景使我非常清楚这两个学科不同的侧重点——纺织品设计强调对材料属性和结构的关注,而交互设计更多地从用户视角考虑,材料并不总是重心。我会将纺织品交互设计置于这两个学科之间,其中一个挑战就是专业术语。我们在设计智能纺织品时设计了什么,需要关注和讨论的重点是什么? 我认为我的非纺织设计专业背景使我忽略了在做纺织品设计实验时的一些规则,比如什么应该做,什么不应该做? 这一点非常好。

您已经将纺织品看作是可以在另一个设计流程中"进一步变革"的材料——您可以再深入一些吗? 例如,当使用电子元件的物理组件时,这是如何实现的? 另一位设计师是如何选中一种智能材料的?

纺织品的物理设计、连接的电子设备、编程设计和用户交互,都会产生很多设计变量。交互式纺织品在电子设备的物理组件与其连接之前并不真正互动,有时还需要编程设计。在连接之前,纺织品具有互动、执行、以某种方式感知和反应的潜力。这种结构的潜在性能当然也取决于连接它的电子元件的功能。通过这种方式,您可以将织物视为原材料,设计师可以通过连接的电子设备的物理组件或编程设计(或两者结合)来设计纺织品的性能。纺织品"进一步变革"的另一个观点是材料本身(纺织品和电子元件)与用户互动的关系。这里纺织品表达的最终结果取决于用户如何互动、以何种方式以及何时互动等。

在此观点下,供应商(您)和客户(设计师)之间的理想关系是什么?

在瑞典纺织学院的智能纺织品设计实验室,我们创建了一个具有不同交互纺织品的材料库,我们与设计专业的学生,还有设计公司一起举办了研讨会。到目前为止,我所了解的是,设计人员在试用这些纺织材料时,往往希望可以先对其进行深入的研究。我认为一个带有说明的材料库对于合作来说是一个好的开始,但还需要更具体地制作材料以满足客户的具体目标需求,而且,原材料是什么以及产品从何时开始是合作者必须注意且意见一致的事情。

有关佩尔森针织纺织品的详细信息,请参阅第四章中的案例研究。

工业生产过程

工业纺织工艺包括使用 CAD 接口进行针织和刺绣，使用多头绣花机、数字印花工艺和功率提花织机。这些工艺中很多都可以用导电纱线生产，但由于金属纱线和机器之间的相互作用，它们需要一些护理和技术改进。例如，金属纤维可能在机器内移动并导致机械内部的电气问题；金属的硬化重复加工会使纤维柔韧性发生变化；机器零件可能因切割金属纱线和织物而迅速变钝。将硬件组件集成到织物和纱线中的过程还没有达到工业规模的自动化，技术人员和机器之间的关系对取得成果至关重要。图 2.20 和图 2.21 展示了瑞典纺织学院与工业界合作开展的智能纺织品研究项目中使用的工业圆形针织机。

工业纺织品生产还包括精加工和涂层工艺，这可以改变材料的性能，同时促进非织造材料和复合材料的生产。

2.20

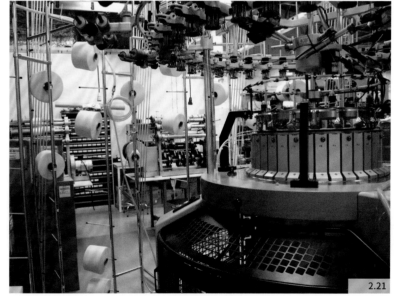

2.21

图 2.20
"坎伯·维尔尼特"（Camber Velnit）机器；这些工业圆机通常用于制作单面经编针织物。布罗斯大学瑞典纺织学院。

图 2.21
"梅耶 & 西·雷拉尼特"（Mayer & Cie Relanit）机器；工业横机，用于制作提花、电镀和条纹平针织物。布罗斯大学瑞典纺织学院。

机遇和挑战

智能纺织品的发展面临两大挑战：第一类包括扶持技术的发展；第二类涉及跨越多个不同学科的新方法和工作方式。虽然人们在智能纺织品和可穿戴技术方面进行了大量研究，但要使其商业化仍面临一些技术障碍，比如：组件和协议的标准化、硬件和纺织品之间连接的牢固性，以及新型纱线和织物对现有织造工艺的适用性等。

不同的纱线结构适合不同的生产工艺：德国盾牌（Shieldex）公司的涂层导电丝非常适用于手工缝纫或在家用机器上以正常速度使用，但在工业过程中高速使用时会出现张力问题。另一方面，合股纱线对于商业规模的工艺来说更好。这类问题现在已经被纱线开发商认可。总部位于伦敦的可爱电路公司是首批设计咨询公司之一，该公司将可穿戴设备打造成时尚元素，并与制造商合作，以便最大限度地减少导电纱线生产过程中出现的问题。因此，可爱电路公司可以提供成衣系列以及定制的智能服装。像贝卡尔特（Bekaert）这样的公司在推销他们纱线的品类和质量的同时，也推广联合设计和"共同思考"的方法，其中包括对皮肤接触物的悬垂性和舒适性的承诺，以及导电性、信号和数据传输的能力。导电纱线电阻的可用范围为每米 1.4Ω 至 70Ω，这是它的平均断裂载荷范围，据此，您可以根据预期的磨损程度来选择特定于某种最终用途的纱线（或定制规格）。但是，您仍然需要做好准备，因为金属纱线与您之前习惯使用的普通纱线状态是不一样的。由于长丝长度和金属中的张力问题，您可能会发现扭结、扭曲和磨损等问题。图 2.22 显示了一个针织 T 恤项目，项目所使用的导电纱在几次穿着后磨损；好在我们使用了熨烫式衬布面料，用它来固定磨损端后，部分情况得到了改善，也避免了导电纱线与身体接触后导致的短路问题。在集成导电纱线时，需要额外考虑像针织物这样的弹力织品，这时您可能就会发现使用导电莱卡是更好的解决方案。将结合物作为纺织电路的绝缘体是一个很好的方案，我们还可选择不同的重量来加固某些区域，以支撑更脆弱的部件。

2.22

图 2.22
特尔克 T 恤（Twirkle T-shirt）；必须开发和改进工业流程，让这些产品产生商业利润。可爱电路公司。

标准化是智能纺织品和可穿戴技术系统面临的最大挑战之一，因为这需要考虑智能纺织品作为纺织、电子和潜在产品的多学科性质。比利时的"纺织研究中心"（Centexbel）为纺织业提供一系列活动和服务，包括测试、认证和咨询，其中智能纺织品第31号工作组的工作重点是，确认和响应智能纺织品的标准化问题。

虽然时间紧迫，但即便我们在术语上早已达成一致，将其标准化这件事仍很艰难。例如智能这个词就引发了争议。此外，纺织品作为材料或产品的分类是值得商榷的，人们甚至弄不清构成纺织品的材料或结构究竟是什么，为此，2010年国际游泳联合会（国际泳联）颁布了新的有关面料的规定，在此之前，速比涛（Speedo）的LZR（我们称之为"鲨鱼皮"）泳衣帮助运动员在一年内打破了13项世界纪录（当时，国际泳联可接受的面料定义为透气性）。现有的测试方法也需要进行修改，以确保它们合适，并且需要定义新的测量工具和规格。此外，私企和应用领域应受到监管：医疗产品特别困难，因为美国食品和药物管理局（FDA）要求创新者确定其新产品适用的现有产品的类别。欧洲咨询公司就跨学科的标准化方法提出建议，纺织研究中心与电信和电子技术委员会需要合作去实现这一目标。2012年，在美国的亚特兰大召开了一次初始标准化会议，包括来自纺织品、纳米技术、国土安全应用和防护服装在内的七个相关联邦政府委员会的代表参加了会议，他们都对在服装中开发"智能"感兴趣。在写本章的时候，一项快速调查似乎表明，ASTM国际组织（美国测试和材料协会）还没有一个专门针对智能纺织品的技术小组委员会。英国创业公司"失去的价值"（Lost Values）的埃莱娜·柯切罗（Elena Corchero）花了大约12个月的时间，对自己的儿童产品"洛平"（Loopin）进行了多次修改，以获得CE（欧洲一致性）认证。洛平的毛毡耳朵是一个软性开关，可以点亮眼睛。

2.23

图2.23
磨损的纤维；弹力织物和非弹力导电纱在这件衣服中产生张力，并使衣物过度磨损，通过熨烫贴边修补暂时得到了缓解。

图2.24
Loopin玩具可以教孩子们简单的纺织电路，当然这些电路必须符合欧洲的产品安全法规。
埃莱娜·柯切罗，Lost Values公司。

2.24

这种材料和功能的新组合很难找到先例（这是美国食品及药物管理局批准医疗应用的第一步），也并不符合健康和安全法规（欧洲 CE 标准），但该领域的多学科性质也提供了相当丰富的新机会。雅拉姆·高维诗卡（Ramyah Gowrishankar，纺织品设计师）和尤西·米克能（Jussi Mikkonen，电子设计和编程师）一直在探索创造性解决方案。他们的想法包括在柔性薄膜基材上使用电子元件，将它们缝合在一起以便在织物上形成连接。高维诗卡使用绣花 CAD 软件对纺织电路设计进行数字化处理，在精确地放置元件（并用小点的布黏合剂将其固定到位）后，再允许多头绣花机准确地将元件缝合到位并形成电接触。图 2.25 和图 2.26 所示内容来自于 2013 年在阿尔托大学举办的电子纺织思维研讨会，它们展示了刺绣过程以及带有开关的成品手套项目。

在增材制造中存在其他令人兴奋的机会，这可以从纺织品结构或皮肤中得到启发，也能在织物基材上印刷电子产品的时候获得灵感。现在不同的材料都可以用

于三维打印，研究人员正在开发在打印过程中混合材料的方法，以控制成品特定区域的柔韧性和强度。"创造自由"以其印刷的链式邮件作品而闻名，类似的开创性作品目前正在折叠结构中进行。如果能够解决印刷电路的耐久性问题，这可能为许多新的软件产品奠定基础。目前，丝网印刷电路在固体而非织造基材上提供了一定的灵活性。图 2.27 中的柔性织物手表是在南安普敦大学的纳米加工中心开发的，它使用厚膜印刷技术来实现电致发光显示。

我们可以使用现有标准电子元件，也可以开发出能提供类似电子功能的元件。两者都需要创新设计理念，尤其是在连接柔软易弯的织物和易碎的电子硬件时更是如此。如何做到这一点是目前大量研究的重点。如"斯特拉"（STELLA）和"百事达"（PASTA）项目（请参阅推荐阅读），对于商业产品而言，满足新兴标准和用户期望至关重要。我们还可以用"封装"的方式来设计——使用硅和塑料来封装电子产品，柔性电子产品的创新使其更接近柔性基板，用导电环氧

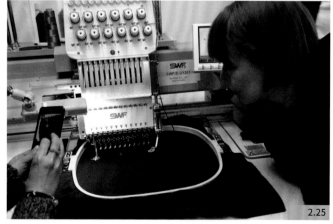

2.25

2.26

图 2.25
带有定制电子元件的多头刺绣机，这些电子元件被设计到刺绣 CAD 文件中。
尤西·米克能和雅拉姆·高维诗卡。

图 2.26
使用柔性电子元件在手套上设计了一个绣制开关。
尤西·米克能和雅拉姆·高维诗卡。

树脂黏合剂来结合，最后通过导电薄膜"装订"或缝合。我们还发现一些常见的与导电织物相结合的紧固件，如钩环（或魔术贴）线路连接件、USB 连接器和扣环。钩环连接器是一个比较好的选择，以便在清洗之前拆下一些组件，比如电池等。研究人员如克林特·齐格尔（Clint Zeagle）正在研究智能织物和纤维如何经受洗涤的问题（我们要决定系统中的哪些组成部分能够洗涤），以及家庭使用周期和温度问题。关键问题是，由于导电纱线结构的脆弱性和印刷导电线迹的相对不灵活性，不同材料的电阻率可能会发生变化。在一次性创意项目中，澳大利亚珠宝商"辛那蒙·李"（Cinnamon Lee）用收集珠宝紧固件和连接件图片的方式来获取灵感；利亚·布切利（Leah Buechley）（利亚·布切利是丽丽派德工具包的开发商，也是其他智能纺织品和软电路的解决方案提供商）开发了 Lilypad Arduino 微处理器和可以缝合到织物上的组件；国际创意团队科巴坎特（Kobakant）开发了令人印象深刻的探索性纺织品电子数据库。可以在第三章中看到其中的很多内容（例如在传感器部分），在第四章的案例研究中将会找到更多相关技术提示。

有很多办法可以解决智能纺织品的电力问题。在小型项目中，可以为面料缝制纽扣电池座，但对于经久耐用的项目和商业应用，需要可充电且持久的电源解决方案。有设计项目的设计师都会从运动中收集能量，例如在鞋中装上压电材料，但是发电量通常不足。磁感应充电是一种很有潜力的发展趋势，因为它不需要那么多线（导线或光纤）。还有人探索了太阳辐射，如埃莱娜·柯切罗的遮阳伞和手工穿孔的装饰性太阳能电池板（图 2.28）以及已经形成产业规模的"德福纺织"（Dephotex）项目（图 2.29），该项目正在开发具有光伏特性的新型光纤。

有关商业化和创新，及其所涉及的挑战，我们将在第五章和技术纺织顾问迈克·斯塔巴克（Mike Starbuck）的采访中做进一步讨论。

图 2.29
光伏织物；这种材料科学的新方法使硬件更加灵活。
德福纺织项目。

图 2.27
功能性电子丝网印刷。电致发光的智能织物手表。
马克·德·沃斯（Marc de Vos）。

图 2.28
绣花扇子上的手工穿孔太阳能电池。这是硬件和软件结合的另一种方法，将太阳能电池这个硬件作为设计的一部分，表现潜力极佳，是一个很好的案例。
埃莱娜·柯切罗。

工业生产过程

智能纱线生产

纱线由纤维组成；纤维传统上是一种单一的材料，但纱线通常由不同的纤维组成，以形成不同的特性，例如韧性、手感和功能。我们在第一章第三节中，已经展示了智能纱线的例子；在本节中，还将介绍其他生产智能纱线的技术，甚至智能纤维。

标准纱线生产技术包括天然纤维的纺丝，以产生具有特殊"韧性"的加捻纱线，而热塑性聚合物等人造材料通常采用熔融纺丝或溶液纺丝等技术加工成连续纤维。在熔融纺丝中，挤出的聚合物材料在通过气流时形成长丝，这些材料被捕捉并纺成纱线，当它被拉伸到生产所需的细度和机械强度时，对纱线进行热处理。功能性纱线包括许多不同的短纤维。为了制造功能性（导电或性能）纱线，可以通过不同方式引入其他材料（例如金属和陶瓷纤维）使其具有抗静电性和耐热性，例如可以用于消防服装。导电纱线制备有三种主要方式：金属包覆、金属填充，以及加捻为短纤维或细丝。

金属包覆或涂覆的纱线可以通过在纤维表面上沉积诸如金、银或铜等非常精细的导电材料层来制造；该层可以提供非常好的表面导电性，但是在将纱线加工成织物的过程中容易损坏，并且在使用中也容易磨损，从而影响功能性。金属填充纱线由导电纤维的一根或多根细丝组成，并由绞合或编织的非导电纤维包裹，沿着其经纱方向将纱线绝缘。扭曲结构将金属纤维引入非导电短纤维，赋予纱线强度和柔韧性。

现在，研究团队开始探索多材料和多功能纤维的潜力，也就是说，纤维可以像设备一样发挥功能。由约尔·芬克（Yoel Fink）领导的麻省理工学院（MIT）的一个团队开发了基于热玻璃加工的技术，绘制由半导体、导体和绝缘体材料组成的"预成型体"，该材料以特定结构排列，保留光学、热学和声学特性的嵌入材料。可能实现的功能包括：全向反射器，光子光纤，量子通信，生物相容光子晶体，全光器件和光子带隙材料。

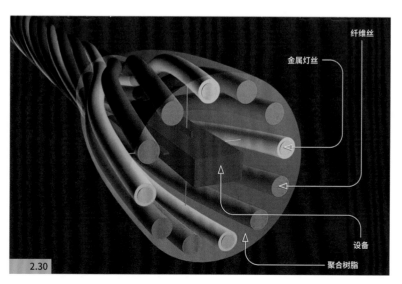

纤维丝

金属灯丝

设备

聚合树脂

2.30

图 2.30
带微型元件的电子纤维结构；如果可以开发机械和电气连接技术，则扭绞纱的结构很适合嵌入电子设备。纤维丝是棕色的，金属丝是绿松石色和金色的，设备在正中心，聚合物树脂是灰色的。诺丁汉特伦特大学先进纺织研究小组。蒂拉克·迪亚斯。

这些光纤能够探测光，并将其转化为电脉冲，从而将声音转化为电信号，并可以将能量存储为电容器。弹力纤维利用嵌入材料的不同熔点来保持线组合物的结构，并且可以在相对较低的温度下实现。该小组已经表明，可以用这种方式创建功能性光纤二极管；二极管作为电流的单向阀门，使电子只能在一个方向上流动，它们是电子电路中的基本组成部分。

卡玛变色龙（Karma Kameleon）项目已开始使用光子带隙光纤进行此类工作，最终可用于传感器设备以及光线显示器。这些光纤既能反射光线，又能沿其经度方向传送光线，它们可以用管连接器捆绑在一起以确保与光源的良好配合，然后单独的光纤可以被加工成织物结构。在这些壁挂中，单个光纤的颜色可以被控制，因为当光源被编程时每个光纤可以单独寻址；这为在引导颜色，反射颜色和织物结构（在这种情况下，在电脑控制的提花织机上创建双重组织织物）之间的变化关系中的动态表面设计，开辟了创造性的可能性。在第一章中可以看到这种织物的图片，在第四章中可以找到有关乔安娜·贝尔佐夫斯卡的作品的采访。

纳米大小智能纤维的开发意味着可以在螺纹结构上沉积不同的材料以实现一系列潜在的功能；例如，经过处理的线可以用作灵活的超级电容器或能量存储设备来驱动其他设备。研究人员也在努力实现其可拉伸性。在中国，研究人员创造了纳米大小的太阳能纤维，并展示了将其设置在袖子中以驱动 iPod（苹果公司的媒体播放器）的潜力。这种结构可以设计用于医疗的纺织品和设备，例如用于检测血液中的蛋白质和生物分子的设备，或者通过使用声学来感知体内何种功能受阻。

复合织物

利用不同材料各自的特征而形成的复合织物可能非常复杂。航空航天和汽车行业是复合织物典型的应用领域，复合材料可以用于飞机机体或汽车引擎盖的建构。复合材料在织带和捆扎带的制造中也很重要，它可以通过调节强度、弹性和抗撕裂或抗剪切性，达到最佳效果。

为这些复杂结构的行为建模是了解它们如何在实际生活中表现性能的关键。人们已经开始使用电脑程序和可视化技术来预测其悬垂性，以及内层和纤维重新排列的方式。在诺丁汉大学，人们已经开发出一个开源软件平台，且可以免费使用；而在斯图加特，建筑材料研究人员对于外部力量如何通过织物结构传播产生了兴趣。图 2.31 显示的是一种正在被光线操纵和跟踪的玻璃纤维复合材料，以捕获表单数据。

复合织物中的不同层会有不同的反应时间，对外界刺激（如热或湿汽）的反应也会发生膨胀和收缩，这种差异可以直接应用到设计中，并为其发展带来新的空间。这些结构为我们提供了透气的面料和自适应体系，我们可以打开或关闭通风口或气孔，以控制热量、气流和声音级别。

许多复合材料利用陶瓷、玻璃和芳纶纤维来增加强度，大多数复合材料都是为了声学或热学特性，或者为了减轻运输和运输系统的重量（从而降低燃料消耗）而开发的。人们正在开发更多能够使用导电纤维监测自身状态的产品，它们有时也被称为结构健康监测（SHM）。使用的结构包括编织绳，以及任一面都有导电纤维编织宽带的间隔织物；应用对象则包括绞车绳索和起吊吊索、降落伞绳索、系泊缆绳和电梯绳索等，这些都有明确的安全要求；还有专门用压力来展现舒适度的应用对象，例如在医院病床和床垫设计中就很常见。

最后，涂料和薄膜为创造多功能织物提供了另一种方法，而这些都是标准纺织工业的核心部分。可以将相变材料（PCM）在聚合物化合物中微胶囊化，并施加到表面或作为片层压到机织物、针织物和非织造物的表面。或者，可以将微胶囊化的 PCM 结合到黏合纤维网中，形成具有特殊传热特性的非织造复合织物——也就是说，它可以控制服装的热量舒适度。这意味着 PCM 复合材料在极端条件下非常有用，它们可以在防护性消防设备（例如手套）中使用，也可以在滑雪服中使用，以应对低温的环境。

2.31

图 2.31
玻璃纤维复合织物。三维间隔织物复合材料研究项目的一部分；挤出纤维和复合纱意味着很多材料可以成为织物。尼科·莱因哈特（Nico Reinhardt）和阿奇姆·孟（Achim Menges）。

非织造面料

一般来说，非织造结构适合于表面印刷（而不是构造）电子电路，但需要考虑油墨（特别是其黏度）与基材质量（例如平滑度）之间的相互作用。特卫强（Tyvek）是建筑行业常用的聚乙烯非织造面料知名品牌，具有高度压延表面，可以很好地承载导电油墨。然而，所有非织造面料在洗涤之后似乎都会在一定程度上起皱，且印刷电路会失效。一些研究人员已经成功地在非织造面料上层印压电路，并使用熔喷弹性体创建了防水屏障，使得即使在基材破裂和断裂时也能保护油墨。熔喷结构也有很多微孔，可以保持织物的透气性。目前看来，纸质基材上印刷电子产品是可行的，英国公司 PEL 甚至宣称生产出了具有化学反应性和生物活性的材料，以及导电性的印刷油墨。在纸质基材上打印意味着可以使用卷对卷工艺，如果需要，单张打印可以长达数千米。一个完整的电路需要很多组件，可以全部打印出来吗？ PEL 一直在对它们进行跟踪调研和可行性分析，希望最终能创建一个完整的"工具箱"。应用程序往往都是图形，它们可以隐藏和显示信息，或嵌入简单动画。

随着印刷技术的进步，在非平面印刷上开始出现创意开发的机会。弗加尔·库尔特（Fergal Coulter）的研究包括探索开发多种用于印刷工艺的材料，比如碳材料，或者可充气基底。工业生产中得到概念验证的非接触式打印系统显示，在头盔等安全设备上打印是可行的。

在纺织工作室，能够使用绣花机和科尔内利（Cornelli）绣花机探索其他非织造结构，这些可能是创建电容传感器和软开关的有趣方法。但您还是要留心，因为这些结构并不太坚固，光纤可能会脱落，如果那样就会短路，读数也会不一致，但您能够找到解决方案。

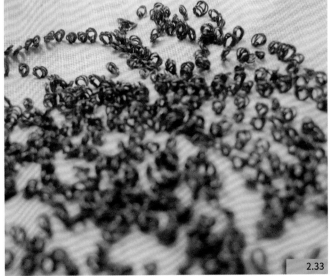

图 2.33
非织造面料装饰工艺的探索：Cornelli 机器。

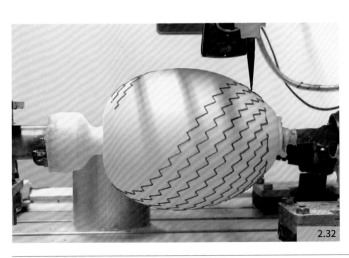

图 2.32
在充气物上进行 3D 打印；一旦基材被放气后，印刷图案将呈现不同的形式，也就是说，开关和传感器系统也可以用在其他地方，比如可以开发出对环境条件做出反应并改变形状的产品。
弗加尔·库尔特。

案例研究：
可爱电路（Cute Circuit）

Cute Circuit 是时尚品牌，也是可穿戴技术领域的先锋。Cute Circuit 成立了约二十多年，通过引入融合时尚、设计和电信世界的突破性设计和概念，引发了时尚和技术革命。http://cutecircuit.com/。

Cute Circuit 在 2002 年推进了与互联网连接的服装和触控（触觉）通信产品，比如"拥抱T恤"（Hug Shirt）（《时代》杂志授予其为 2006 年度最佳发明之一）。2008 年推出的 Galaxy Dress（芝加哥科学与工业博物馆永久收藏的一部分）仍然是当今世界上最大的可穿戴式发光显示器。与社交媒体相连接的服装，比如 2012 年推出的世界上第一款高级时装"推特礼服"（Twitter Dress）。凯蒂·佩里（Katy Perry）在 2010 年纽约大都会博物馆慈善晚宴（MET Gala）上穿着 Cute Circuit 的晚礼服，第二天就被登上《女装日报》的封面，之后相继被世界各地的报纸登出报道，Cute Circuit 也成为第一家将可穿戴技术用于红毯的时尚品牌。同年，Cute Circuit 在伦敦赛尔福里奇百货公司（Self Ridges）的专属系列中推出了第一批高科技成衣。纽约时装周最新时装发布会推出了可通过智能手机 App（名为"Q"，Cute Circuit 提供）控制的高级时装和成衣，这些应用程序允许穿着者通过触摸一个按钮，改变服装的颜色和功能。

所有 Cute Circuit 的服装都由弗兰西斯卡·罗塞拉（Francesca Rosella）和瑞安·根茨（Ryan Genz）设计。罗塞拉是意大利高级时装设计师，1998 年她建议制作绣有电致发光线的晚礼服，礼服上的电线会因佩戴者的行动而发光。没有人想要尝试这么新的东西，但罗塞拉确信有一天这些互动时尚将成为新的常态。最后，罗塞拉辞去了她在企业的职位，获得了奖学金并加入了意大利北部的互动设计研究所（Interaction Design Institute Ivrea，IDII），这是当时世界上唯一的互动设计研究中心，它由意大利电信和意大利著名电子品牌公司奥利维蒂（Olivetti）创建，并从斯坦福大学和皇家艺术学院等地招来教师。在这里，她遇到了具有设计、

艺术和人类学背景的根茨，并相信交互不仅应该应用在屏幕、电脑上，而且还可以通过物理接口方式出现在现实世界中。许多人认为根茨是一名工程师，并将 Cute Circuit 的设计看作非常先进的可穿戴技术，实际上根茨是一名设计师。在 Cute Circuit 初期阶段，他聘请的工程师只能设计出方形电路，他便开始了自己的学习和创作。熟能生巧，他已经为 Cute Circuit 的服装设计了十多年的电路。现在公司拥有了可穿戴技术和创新微技术设计专利。

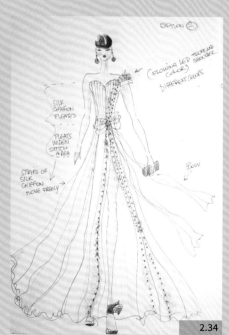

图 2.34
MET Gala 上凯蒂·佩里穿的连衣裙草图。弗兰西斯卡·罗塞拉，Cute Circuit。

图 2.35
Galaxy Dress 是世界上最大的发光可穿戴显示屏，使用了 20 000 多个手工绣制的全彩色像素。四层薄纱将光线漫射。
Cute Circuit。

罗塞拉和根茨创立 Cute Circuit 时尚品牌的初衷是将智能材料和微技术从时尚的角度融入服装中，结合美丽的服装和情感共鸣进行设计。二十多年前，"可穿戴技术"的概念还处于萌芽阶段。在这个领域的尝试之所以被称为"可穿戴计算"，其唯一的例子是将可穿戴式键盘和护目镜绑在身体上，并配上电线和巨大的电池背包，这样就等同于台式电脑。罗塞拉和根茨则彻底打破了"穿着一台电脑"的比喻，将新的"魔力"赋予服装，也将人与人连接了起来，人终于不用和台式机连接在一起了。在品牌创建之初，Cute Circuit 什么材料都没有，他们不得不自行研发出其中的一些材料。比如如今我们看到的导电带和光纤、微型 LED 和处理器、智能手机和平板电脑技术等，在二十多年前都不存在，更不要说哪怕是有一点点时尚感的材料了，这让他们非常沮丧，但他们最终说服了制造商为未来投资，让 Cute Circuit 研发出一个个特殊的组件。

他们设计的第一款服装是 2002 年的 Hug Shirt，这是全球首款触觉通信设备。Hug Shirt 是一款 T 恤，可让佩戴者通过嵌入在布料中的传感器触摸世界另一端的亲人，通过手机应用传送拥抱，并通过执行器重新创造在世界的另一边的带有物理感受的拥抱。Hug Shirt 于 2006 年被《时代》杂志公认为年度最佳发明之一，它使可穿戴技术在时尚和人性层面得到了提升，在此之前，这是缺失的。新款 Hug Shirt 在 2014/2015 秋冬时装周上推出。Hug Shirt 的设计是为了应对"创造令人满意的产品"这一挑战，这产品非常吸引人，能够真正满足用户的需求。在这次挑战中，罗塞拉和根茨采访了数百人，问他们真正想要的是什么，答案是"拥抱"——亲密和幸福的感觉只能通过朋友和亲人之间的接触来传达。通过进一步的研究，他们发现一个人每天至少需要五十次接触才能避免抑郁症，如果孩子长大后不被父母拥抱，那么他们在成年后也很可能在社交上出现障碍。用户对产品的反应令人惊奇。每个

尝试过"拥抱"的人都能感受到："拥抱"虽然是一个简单的姿势，但背后有更深层的含义，还能真正理解这种界面所创造的人与人相联结的感觉，以及它在康复和病人护理等领域的应用潜力。Hug Shirt 已经成为世界上重复最多的项目之一。任何一所研究可穿戴技术的大学总会有至少一名学生在重复这个项目。

多年来，Cute Circuit 设计了许多具有开创性和标志性的服装，如世界上最大的可穿戴式发光显示屏 Galaxy Dress（带 24 000 个微型 LED 的连衣裙，可连续变色）、MDress（可穿戴手机服饰）、凯蒂·佩里的 MET Gala 晚礼服，以及尼可·斯彻金格（Nicole Scherzinger）的全球首款高级时装 Twitter Dress。

图 2.36
Hug Shirt 5；该系统使用织物传感器和蓝牙 Java 来传递发送者的拥抱、皮肤温度和心率，就像发短信一样。
Cute Circuit。

2.36

2014 年 2 月 12 日推出的 Cute Circuit 2014/2015 秋冬发布会是纽约时装周上首次完全互动的时装发布会。这场时装秀展出的作品包括先进的可穿戴技术、无缝集成的美丽成衣等。蓝牙低耗能连衣裙和配饰让模特可以通过 Cute Circuit 的应用程序 Q 实时控制服装在 T 台上的样貌，这在时尚史上首次出现。利用 Q 智能手机应用程序，穿着者可以随时改变她所穿的电子迷你裙的颜色，因为裙子是由"魔法"面料制成的，这是一种由 Cute Circuit 设计和开发的数千个微型 LED 覆盖的特殊织物。"魔法"面料与其他时尚面料一样，非常平滑舒适，而且神奇的是它可以改变颜色、播放视频（每秒 25 帧），并能够连接到互联网和社交媒体以实时显示推文。新的 Q 软件还将允许用户实时下载新图案，随后应用到他们的服装上，让用户更多地体验数字时尚融入日常生活的方式。

Cute Circuit 目前的产品包括三个独立系列：红地毯高级女装、舞台表演，以及为特殊项目服务的服装和成衣系列。Cute Circuit 在制作这些服装时所使用的工艺是精挑细选过的，既尊重环境，也更体贴穿着者，因为好的产品应该是内在美和外在美兼具的。服装中使用的技术 100% 符合 RoHS 标准（欧盟电子电机设备中危害物质禁用指令）——产品中不含有害物质，并且不含铅和汞，穿着安全。所用织物也通过了 OekoTex（纺织协会）认证，通过了安全测试，没有产生有害物质。以一种符合道德标准的、纯净的方式将时尚和科技结合起来不是一件很容易的事情，进展也缓慢，所有这一切都是挑战。

首批时装作品包括闪光连衣裙（Twirkle Dress）和 T 恤衫，它们能够根据穿着者的运动而变亮并改变颜色。在这个 T 恤系列的设计过程中，Cute Circuit 开发了一种现已获得专利的构造方法，完成后的衣服既装载着嵌入式微电子设备，又能在洗衣机中进行清洗。经过两年的洗涤测试和实验后，该系列已准备上市，并开始销售。

2.39

2.38

图 2.37
纽约时装周 2014/2015 秋冬发布会上的迷你裙。裙子上的图案可以通过智能手机应用进行控制，而平板 LED 因其被安装在定制面料上，依然能使服装宽松舒适。
Cute Circuit。

图 2.38
服装保养说明；公司需要对嵌入电子产品的不同方法提供详细的保养说明。
Cute Circuit。

图 2.39
闪光上衣；这些衣服都可机洗而无需移除电子器件。
Cute Circuit。

2.37

本章小结

推荐阅读

本章介绍了开发智能织物的其他一些方法，包括以用户为中心的设计和交互设计。它将工作室探索性方法与工业实践进行了对比，并讨论了智能纱线生产技术以及智能织物创新的复合材料和非织造结构。案例研究既表明工作室的实践对工业创新的重要性，又让我们深切了解到了工艺知识的重大价值。

Anna Persson: http://smarttextiles.se/en/textile-interaction-design-explores-new-expressions/.

Edwards, C., ed. (2015), *Encyclopaedia of Design*, London: Bloomsbury Academic.

Elkins, J. (2014), *Artists with PhDs: On the New Doctoral Degree in Studio Art*, Washington, DC: New Academia Publishing.

Gale, C. and J. Kaur (2002), *The Textile Book*, Oxford: Berg.

Kettley, S. (2011), "Technical Textiles," in A. Briggs-Goode and K. Townsend (eds.), *Textile Design: Principles, Advances and Applications*, Cambridge, UK: Woodhead Publishing Ltd.

Kirstein, T., ed. (2013), *Multidisciplinary Know-How for Smart-Textile Developers* (Woodhead Publishing Series in Textiles), Cambridge, UK: Woodhead Publishing Ltd.

Moggridge, B. (2007), *Designing Interactions*, Cambridge, MA: MIT Press.

Nicholas, P. (2014), *Designing Material—Materialising Design, Cambridge*, ON: Riverside Architectural Press.

Orth, M., (2009), On the Short Life of Color-Change Textiles. Available online: http://www.maggieorth.com/art_100EAYears.html (accessed 5 February 2015).

Ramsgaard Thomsen, M. and K. Bech (2012), *Textile Logic for a Soft Space*, The Royal Danish Academy of Fine Arts. Available online: http://issuu.com/cita_copenhagen/docs/textile_logic_for_a_soft_space_-_sm (accessed 5 December 2014).

Sara Keith: http://www.sarakeith.com/Home.html

Stickdorn, M. and J. Sneider (2014), *This Is Service Design Thinking*, Amsterdam: BIS Publishers.

Usability.gov (2014), "Personas." Available online: http://www.usability.gov/how-to-and-tools/methods/personas.html (accessed 7 April 2015).

Veiteberg, J. (2005), *Craft in Transition*, trans. Douglas Ferguson, Bergen, Norway: Bergen National Academy of the Arts.

Doctoral programs in smart textiles may be found through:

http://www.findaphd.com/;

http://www.jobs.ac.uk/.

智能纺织品设计

理想化的情景是，随着时间的推移，电子纺织品设计可以成为业余爱好者、手工艺者们的工具……孩子们在技术上游刃有余，且能够创意性地进行自我表达。

布切利（Buechley）和艾森伯格（Eisenberg）2008:200

章节综述

本章为纺织品设计师们介绍基本的电子理论、常用的制作互动概念原型的组件，以及一些基本的织物组件结构，包括手工处理不同类型导电纱线的技巧以及对微处理器的介绍。如果您对技术术语不确定，可以对照附录中的词汇表，文中的术语在附录中都有简要的说明。

本章的三个项目都有详细的步骤说明，我们会尽量简洁地描述，以便让您专注于制作：

· 一个会在循环中转向的并联电路；
· 一个会在您感到压力的时候拥抱您的并联电路；
· 一个会提醒您背包过重的织物传感器。

这里面有些内容可能说得有些含糊，而有的则更像我们生活中已经存在的东西。您将从零开始学习，这样就可以认真思考改变未来纺织品的设计结构的方式，并使其达到支持硬件、实现电子连接及绝缘性的目标。

根据您学习的方式，在处理这些项目之前，您可能需要练习一些技能；随后的第四章将会使您产生很多灵感，让您可以根据纱线和织物在电路中的不同作用，开发自己的智能纺织实践作品。

我们很容易找到这些信息，制造商和黑客们已经在网上共享了这些技术和项目。本章非常实用，将纺织品置于整个过程的核心，在第四章中会引入更为系统的方法。在这里，您可以使用现成的织物、纱线和杂货商店获取的材料创造智能纺织系统。这些练习会帮助您逐步了解一些技巧，同时，您还能在网上找到其他一些项目：aninternetofsoftthings.com/categories/make/。它们是莎拉·沃克（Sarah Walker）和玛莎·格莱滋（他们也设计了图表）的研究项目——"软物网"（An Internet of Soft Things）中的一部分。

您可以使用许多熟悉的工艺和紧固件，结合标准电子元件来构建功能性和富有表现力的服装、软性产品和内部理念。您将知道哪里可以找到工具和材料、如何使用不同的导电织物和纱线（以及如何使用织物创造绝缘性）、纺织品电路设计的基本原理、应该考虑使用微处理器的时间点、如何为一个简单的程序撰写编码，以及当编写复杂程序时，在哪里可以获取帮助。您将制作您的第一个可以亮灯的织物软开关，并学习利用织物制作"滑块"，以及探索利用织物来制作传感器的可能性。我们将讨论不同类型的输出方式，如声音和运动，然后再建立一个更复杂的项目，将您的新技能融入到工艺、电路和编码中。

图 3.1 和图 3.2 所示是开源学习材料和课程的两个例子，由两个主要领域的领导者开发，一个是利亚·布切利（Leah Buechley），当时她在麻省理工学院（MIT），另一个是科巴坎特（Kobakant）的设计研究搭档 [米卡·萨托米和汉娜·佩纳·威尔逊（Hannah Perner Wilson）]。

Sensors
CROCHET/KNIT SQUEEZE SENSORS

This squeeze sensor can be made by knitting or crocheting a ball including resistive yarn. The ball can then be stuffed with different materials to achieve different kinds of squishiness. The ball can also be hand or machine felted, giving the surface a more uniform appearance.

Crochet
This example was crochet from regular pink yarn and stuffed with a spool-knit tube of Nm3/10 conductive yarn. Either end of the spool knit conductive yarn protrudes out from the crochet ball at opposite ends.

How to crochet a ball >> http://www.instructables.com/id/How-to-crochet-a-ball-or-a-hackey-sack/?ALLSTEPS
How to felt a knitted piece in the washing machine >> http://www.instructables.com/id/How-to-felt-a-knitted-piece/
How to felt scraps with dish washing soap in the sink >> http://www.instructables.com/id/Felt-Balls-from-Scrap-Yarn/

3.1

EXAMPLE PROJECTS
WORKSHOPS
ACTUATORS
CONNECTIONS
POWER
SENSORS
TRACES
CIRCUITS AND CODE
WIRELESS
CONDUCTIVE
MATERIALS
NON-CONDUCTIVE
MATERIALS
TOOLS

SENSORS
3D PRINTED SENSORS
CIRCULAR KNIT INFLATION SENSOR
CIRCULAR KNIT STRETCH SENSORS
CONDUCTIVE POMPOM
CONSTRUCTED STRETCH SENSORS
CROCHET BUTTON
CROCHET CONDUCTIVE BEAD
CROCHET FINGER SENSOR
CROCHET PRESSURE SENSOR
CROCHET TILT POTENTIOMETER
CROCHET/KNIT PRESSURE
SENSORS
CROCHET/KNIT SQUEEZE SENSORS
EMBROIDERED POTENTIOMETERS
FABRIC BUTTON
FABRIC POTENTIOMETER
FABRIC STRETCH SENSORS
FELTED CROCHET PRESSURE
SENSOR

Assignments and Final Project

COURSE HOME

SYLLABUS

READINGS, LECTURES
& TUTORIALS

☐ ASSIGNMENTS AND
FINAL PROJECT

ASSIGNMENT 1: SOFT CIRCUIT

ASSIGNMENT 2: "HELLO
WORLD" FABRIC PCBS, PART
1

ASSIGNMENT 3: "HELLO
WORLD" FABRIC PCBS, PART
2

ASSIGNMENT 4: YARN

ASSIGNMENT 5: NONWOVEN

ASSIGNMENT 6: NETWORKED
WEARABLE

ASSIGNMENT 7: FINAL
PROJECT PROPOSAL

ASSIGNMENT 8: KNIT,
WOVEN, EMBROIDERY, OR
PRINT

ASSIGNMENT 9: FINAL
PROJECT

RELATED RESOURCES

DOWNLOAD COURSE
MATERIALS

ASSIGNMENTS	SUMMARY	DETAILS AND SAMPLE STUDENT WORK
1. Soft Circuit	Construct an interactive circuit out of soft materials.	Details and sample student work
2. "Hello World" Fabric PCBs, part 1	Install the appropropriate AVR microcontroller toolkit your laptop.	Details
3. "Hello World" Fabric PCBs, part 2	Work in teams to create an artifact that includes a fabric PCB.	Details and sample student work
4. Yarn	Make a yarn that consists of two or more different materials.	Details and sample student work
5. Nonwoven	Make a piece of flexible nonwoven fabric at least 12"x12" with some noteworthy characteristic.	Details and sample student work
6. Networked wearable	Work in teams, in collaboration with the *Communicating with Mobile Technology* class, to build a textile that talks to a mobile phone.	Details and sample student work
7. Final project proposal	Short (5 minute) presentation for the class, plus a brief online description.	Details and sample student work
8. Knit, weave, embroider or print	Knit, weave, embroider or print a novel textile.	Details and sample student work
9. Final project	Ten-minute presentation and complete written documentation about the final project.	Details and sample student work

3.2

图 3.1
"如何获取您所想要的"；一个优秀的智能面料技术和灵感来源地。
科巴坎特网站。

图 3.2
新的纺织品课程大纲；课程内容会更新，因此请随时关注最新信息。
MIT 开放课（MITOpenCourseware）。

智能纺织品、织物和纱线

在这一节中，您将缝合您的第一个织物电路。当您有信心对自己的项目进行探索和测试时，您将了解到您可以使用的纱线和织物的范畴。这一部分还包括使用导电纱线和织物的一些基本技巧，同时发现一个对您有用的基本工具。

导电纱线有不同的形式。直到最近出现了一个流行的起点，这就是"拉梅·利费萨"（Lamé Lifesaver）的钢制纺纱（约 1.09 米 / 加元），贝卡尔特将其重新包装，最初卖给了击剑社区，是的，您猜对了，它可以用来修补磨损的击剑装备。现在，购买非工业用量的导电纱线这件事已经变得更容易了。

米卡·萨托米和汉娜·佩纳·威尔逊对不同纱线进行了比较，并发表了非常有用的观点：他们讲述在手工缝纫时、在家用机器中使用了不同的纱线时，以及当转移到使用半工业方法时，它们的性能情况。您应该把它们都记录到自己的技术笔记本上。请注意金属含量，这些都是导电纱线，它们的外面缠有金属纤维或涂层。它们可以使用铜、钢、银或金，这些材料在不同的纺织过程中都有不同的表现。您还要检查纺织品每一层的结构和细节，如果导电纤维被固定在绝缘编织物中，就需要改变连接的技术。

选择纱线时，要注意，铜很快会被氧化，这时纱线表面将形成一层薄膜，这不仅使它变色，还会降低导电性。银因其低过敏性和抗菌性而闻名，因此在医疗和保健产品中被广泛使用。在生产过程中，所有的金属都变硬了，因此制造非常长的纤维是一个技术难题。而当使用它的时候，金属就会变得有弹性。在金属加工技术中，这将通过退火加热和淬火而再次放松——但这显然是织物面临的问题（加热会烧毁纺织纤维），而且，如果材料之间的不同张力具有累积效应的话，它还会导致聚束和打结。

由于导电纱线中的纤维混合（金属通常会与棉或聚酯纤维混合），磨损是一个常见的问题。您的工艺质量将取决于您的制作过程和穿着过程中纱线的磨损程度（见本节后面的练习）。工作中，您要避免移动金属纤维，因为只要发生了移动，就会出现问题：最好的情况是它们只改变了电路的数值，产生意外的结果；而最坏的情况则是会发生短路，使电路停止工作，并造成潜在的火灾隐患。

当您为项目选择纱线时，应该先考虑它们的电子机械

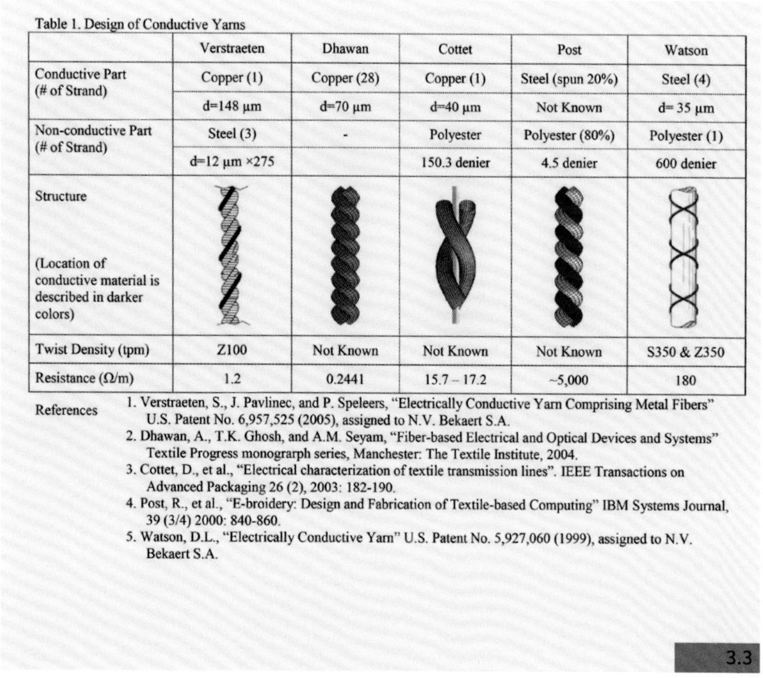

Table 1. Design of Conductive Yarns

	Verstraeten	Dhawan	Cottet	Post	Watson
Conductive Part (# of Strand)	Copper (1)	Copper (28)	Copper (1)	Steel (spun 20%)	Steel (4)
	d=148 μm	d=70 μm	d=40 μm	Not Known	d= 35 μm
Non-conductive Part (# of Strand)	Steel (3)	-	Polyester	Polyester (80%)	Polyester (1)
	d=12 μm ×275		150.3 denier	4.5 denier	600 denier
Structure (Location of conductive material is described in darker colors)					
Twist Density (tpm)	Z100	Not Known	Not Known	Not Known	S350 & Z350
Resistance (Ω/m)	1.2	0.2441	15.7 – 17.2	~5,000	180

References
1. Verstraeten, S., J. Pavlinec, and P. Speleers, "Electrically Conductive Yarn Comprising Metal Fibers" U.S. Patent No. 6,957,525 (2005), assigned to N.V. Bekaert S.A.
2. Dhawan, A., T.K. Ghosh, and A.M. Seyam, "Fiber-based Electrical and Optical Devices and Systems" Textile Progress monorgraph series, Manchester: The Textile Institute, 2004.
3. Cottet, D., et al., "Electrical characterization of textile transmission lines". IEEE Transactions on Advanced Packaging 26 (2), 2003: 182-190.
4. Post, R., et al., "E-broidery: Design and Fabrication of Textile-based Computing" IBM Systems Journal, 39 (3/4) 2000: 840-860.
5. Watson, D.L., "Electrically Conductive Yarn" U.S. Patent No. 5,927,060 (1999), assigned to N.V. Bekaert S.A.

图 3.3
导电纱线的结构；不同扭曲的结构和金属含量意味着不同的力学和电子特性。
《纺织世界》。

3.3

性能，即它们的手感以及电子特性。纱线有不同的阻力等级，您可以根据自己对阻力水平的设想而进行规划。如果您想简单地用柔软的线替换电路中的电线，就需要一个电阻很低的纱线；如果您想产生热量，则需要更高电阻的纱线。

注意"金属"纱线实际上是塑化的，它们根本不导电。在下一节中，我们会告诉大家如何使用万用表来测试材料。您会了解到很稀有的弹性导电纱的操作方式，比如检查它们在拉伸时它们的阻抗（电阻值）是否会改变。如果它们在拉伸时它们的阻抗改变了，它们应该被视为电路中的可变电阻器，这些值可以将其用于测量长度或压力的变化。如果它们在拉伸时能产生相同的电流，那么我们就可以将其少量添加于需要承受很大压力的产品中，比如服装等。检查您的纱线在拉伸后长度和阻力值方面的复原情况，这也会对系统的可靠性产生很大的影响。一个关键的应用，比如，医疗需要的设备，材质拉伸时的可重复性是非常重要的，这些行为需要用编程来管理。

导电纱线的颜色很大程度上取决于它们的金属含量，但是也可以对它们中混合的一些纤维进行染色，同时不影响其电子特性。另一种方法是将纱线作为金属处理，并按照休斯（Hughes）和罗维（Rowe，1991）的金属染色配方对其进行处理。在这种情况下，您需要知道一些化学物质对纺织纤维的作用。琳恩·坦德勒（Lynn Tandler）是这项技术的专家，您可以在第四章中了解到她的工作。

3.4

图 3.4
两股和四股导电线材：尝试使用不同的纺线，两股的比较容易编织，而四股的通常电阻值比较低。

3.5

图 3.5
染色导电纱：非金属纤维的导电纱线可以染色，图中是聚酯纤维和棉混纺纱线。
科巴坎特。

基本工具包

缝纫	电子元器件	其他有用的工具	环境、健康和安全考虑
纱线（导电和非导电）	奥姆拉特（Oomlaut）、基诺尼克（Kitronik）等初学者工具包	珠宝工具，如好用的圆头钳，末端切断钳	稳定的工作台面
织物（导电和非导电）		珠宝首饰用具，如平针、眼针、跳环	充足的光线
网织物（孔径大小不等）			附近有供水点
衬布	熨斗、支架和海绵［指导作者杰西（Jseay）推荐 Hakko 888］	防滑材料，如切割浴垫、硅凝胶和胶乳	急救包
针		各种胶带和胶水	耐火砖、木板或实心焊料卡
刺绣箍（中到大号）	焊料	细砂纸和细木棒	助手
家用缝纫机器——包括线轴、可供选择的压脚	万用表	带附加装置的可选择的旋转工具	护目镜
三角板	拆线器		面罩
米尺	1.5～3V 电池	热熔枪	通风设备
卷尺	电池夹和电池组	胶枪	烟雾探测器
大头针	电阻器		灭火器
拆线刀	发光二极管（LED）		储藏织物、电子器材和其他工艺材料的单独区域
用于裁剪的纸样	鳄鱼夹线		
薄的卡片	热缩管		
刺绣剪刀	其他部件，如光敏电阻器、柔性传感器、电位器和电容器（通常初学者工具包和随身包中都有）		
织物裁刀			
紧固件——钩襻、气眼、拉扣、按扣、尼龙搭扣等			

基本技能：使用导电纱线和织物

使用导电纱线穿针

· 在不同的纱线和固定装置上使用不同大小的针（卡扣上的孔可能很小，导电纱线在穿线时可能会很棘手）。

　· 针可用于不同用途，如珠萃装饰（细而长的针）、一般工艺（较重且针孔较大的针）和室内装饰（非常大，有时是弯曲的针）。

· 使用穿针器。

　· 如果没有，可以用一片结实的棉布或一根非常细的金属丝对折起来，将线拉过针眼。用钳子握住金属丝，以免割伤自己。

· 把纱线的末端剪出一个尖角以减少磨损。

　· 也可以用湿手指把它弄湿。不要舔金属材料，很容易重金属中毒，杂散纤维对身体也有害。

　· 也可以用指甲油固定纱线两端。

系结以及固定端口

这部分可能会有问题，也需要一些练习，但是这些技能对您的电路功能至关重要，也会使您的项目更专业。有许多方法可以让我们安全地完成项目，尝试以下这些，开发出属于您自己的方法。

· 在缝纫线的末端留下 2 ~ 3cm 的纱线。

　· 这意味着，当您完成缝纫时，能余下足够多的纱线可以打结。如果两端留得太短，只要有一点点磨损，就足以影响之前的所有工作。固定纱线时，小心不要把这些末端缠在一起。

· 用滑结来开始练习（这是一个带有环的结，当您拉动纱线两端时，这个结会消失）。

　· 针穿好线后，在较长端的纱线末端打一个滑结，将针从后向前轻轻穿过织物，小心不要弄坏刚打的结。当您把针穿过织物时，先穿过绳结的环。在继续缝合之前，轻轻收紧纱线周围的结。

· 在松动的线头尾端熨烫接口衬布面料固定它们。

　· 接口衬布是一种非织造面料，用于加强、附着或保护纺织工作区域。要完成这项工作，我们需要熨斗，以及一种一面带有胶水的黏合衬布。先将熨斗调至低温在废料上测试衬布，如果熨斗太热会很容易把轻盈的织物烫坏。小型熨斗在小面积熨烫时非常有用。

可尝试其他方法，比如：硅皮、由两部分组成的环氧树脂胶、织物膨化漆、电绝缘刷、热收缩管、纺织工艺（如贴线缝绣）等。

图 3.6a
接口衬布用于增加某些
服装部件的强度或硬度。
它们有多种面密度，可
以缝合或熨烫在基础织
物上。

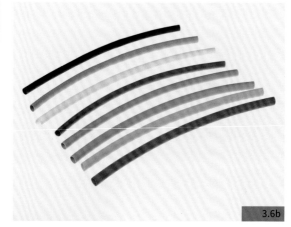

图 3.6b
热缩管是由热塑性材料
制成的，有各种尺寸和
颜色。它可用于保护电
线免受磨损，并防止它
与其他金属部件接触，
也可以将部件固定在一
起。

图 3.6c
贴边绣花线迹，利亚·布切利。

在家用缝纫机上使用导电纱

大多数导电纱的捻度、张力和粗细都和普通纱线不同，所以，它们在家用缝纫机的机针上往往不能很好地工作。在开始工作之前，应当确保线轴饱满，并检查织物上的张力和针迹长度。要记录最适合的设置参数，为以后作参照。

缝制运动衫和弹力织物

如果您的纱线没有弹性，那么可以使用锯齿形的针迹来拉伸面料（直线的针迹会断裂或不允许面料拉伸）。请注意，这会改变您缝出的导电路径的长度，从而改变电路中的值。

使用导电的针织物代替缝合线。导电运动衫相当昂贵，但用导电针织物代替缝合线的情况就很常见。剪下一条细长的导电针织物，用织物胶黏合在运动衫上或用（导电或非导电的）纱线把它们黏住。这在商业应用中很常见。

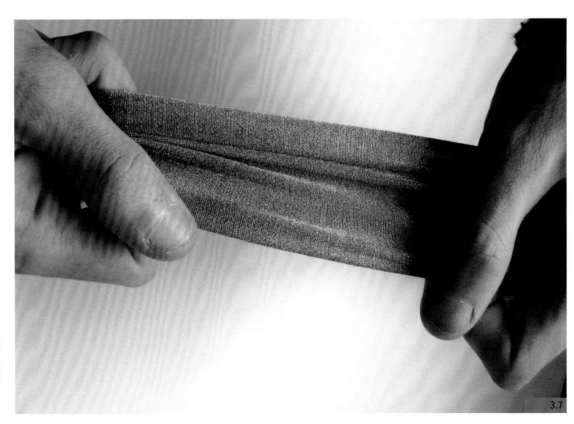

图 3.7
导电弹力运动衫具有很好的拉伸性，适用于进行重复动作的运动或拉伸。对于连接较长的织物或保持低阻力来说，它是一个很好的选择。

3.7

练习四：
第一个缝制电路

让我们开始做些什么吧！这个练习介绍了一个非常简单的电路设计，正好可以用来练习制作技巧。这个练习的目标是用一个电阻器将一个电池集成在一个缝合电路中，最后可以点亮一盏 LED 灯。

您将需要：

· 绣花圈。

· 梭织物。

　· 轻质刺绣织物；棉或羊毛。

　· 确保它至少比环形圈大 1cm。

· 纽扣电池和放置盒（3V）。

· 带电阻器的可更换 LED。

· 导电纱。

· 针和穿线器。

· 刺绣剪刀。

· 铅笔，用于标记织物。

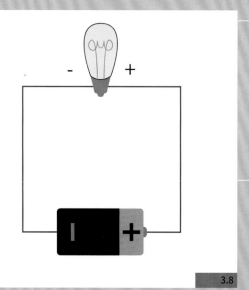

3.8

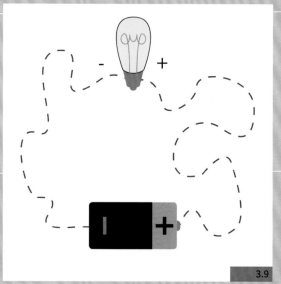

3.9

图 3.8
电路图（正交）；图表通常用直线简化。
玛莎·格莱滋。

图 3.9
电路图（装饰缝合）。这两个电路是相同的，但曲折的线路打破了常规线路图的绘制惯例。您可以用任何轮廓形状连接导电线。
玛莎·格莱滋。

如何操作：

1. 根据您所用的种类，绣花箍有螺丝或拉紧扣环以便能将两个环分开。裁剪一块比环大几厘米的织物，绷在两个环之间。轻轻地拉动织物周围的环箍，以使织物张力均匀。

2. 使用铅笔在织物上标记您将放置的每个部件：电池支架和可缝合的 LED（带板上的电阻）。标记每个部件的正负极，使正极连接到正极，负极连接到负极。

3. 纽扣电池组有四个孔。使用导电纱从正极孔刺穿 LED 板的正连接。用一个结把线拴在一起，把末端剪成大约 1cm。

4. 使用导电纱从负极电池孔缝到 LED 板的负连接器，再次整齐地捆扎。

5. 将纽扣电池放入电池底座测试电路（确保它以正确的方式向上）。

6. 用普通棉线缝合电池座的其他两个角。

3.10

图 3.10
一个已经完成的基本电路的例子，正如两个电路图描述的一样。

其他的在线指南：

开放式电路：使用螺柱和贴花。

http://aninternetofsoftthings.com/categories/make/

采购导电面料

本节继续讲述可买到的智能及具有导电性能的面料。您将了解导电面料结构不同的构成方式，如何为您的项目的不同位置选择合适的面料，实现您的目标需要多少面料，以及怎么才能充分利用面料。您将学习万用表的使用方法来测试不同面料的连续性和电阻等。

在使用导电面料时，设计师常会感到不安，虽然本书会用有趣的实验来教学，但创作过程中依然容易出错，有些材料也很昂贵，且不太容易找到，所以一定要小心操作。随着材料科学与市场需求之间关系的转移和变化，智能材料将以下述不同的形式出现，比如点（粉、墨）、线（纤维，电线）和平面（二维平面，如纸、面料）等。这里还有一个问题——很难找到活性智能面料的样本，因为根据定义，它们包括已经设计好的电路，您可能无法按照一码或一米的方式在市面上买到。我们只能自己制作，而没法通过收集的方式，获得具有复杂纺织品功能的样品。一些研究者已经开始通过创建图书馆，比如瑞典波拉斯纺织学院的图书馆，访问行业和学术研究团队，或者通过在会议上展示的样本书籍来解决这个问题 [见齐格勒（Zeagler）等，2013]。

因此，如果那些习惯于处理面料的设计师想要接近这一设计领域，就需要调整他们的期望值。目前有各种各样的导电面料，但如果要把它们与更宽泛的纺织领域中常用面料的手感、悬垂性、纹理和颜色的细微差别相吻合，还有很长的路要走。话虽如此，一些公司现在还是能够为您提供不同的金属丝、纺织纱线、结构体，或者成品面料小样所需的大块面料（通常够大，能让我们完成整个项目）。请参阅本章末尾的推荐阅读和附录中的供应商。

图 3.11
订购导电织物样品包，以感受不同织物的表面纹理、面密度和手感；样品包中还包括相关的数据表。
马印德赛特（Mindsets）。

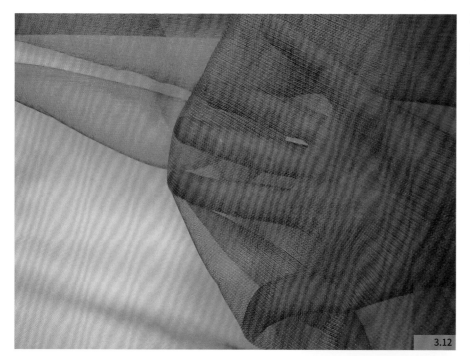

3.12

图 3.12
由金属经纱和纬纱构成
的不锈钢织物。
布朗格德维尔。

导电面料通常是梭织的，但也可以是针织的、层压的或浸渍其他材料以使其导电。BekaTt 公司生产了一种用电镀钢纱和涤纶纱制成的罗纹针织物；LessEMF 在涤纶面料上添加了一种表面处理过的铜；图 3.12 显示了布朗格德维尔（Plugandwear）的编织不锈钢面料（钢纱作为经纬纱），面料没有其他纺织纤维成分，而图 3.13 所示为双面针织物，一面导电，另一面不导电。

在这里，我们会举一个包括价格，以及寻找这些产品时所能找到的技术信息种类的案例。首先，您可以考虑一下一面采用布朗格德维尔编织方式的双面针织物。这是一种不寻常的，具有复合结构的面料，厚度为 1.5mm，不可拉伸但非常灵活。它可以用剪刀剪裁，也可以用标准缝纫机进行缝纫。数据表以欧姆为单位给出了垂直方向（经向）和水平方向（纬向）的电阻值。每平方米 1.5 Ω——面料的横向电阻值非常低，这意味着电流沿水平方向很容易通过。它按米（1.094码）出售，价格为 43 欧元加上 22% 的增值税。请参阅推荐阅读以获取使用此功能的分步教程链接，比方说，我们可以制作一个成型的模拟传感器。

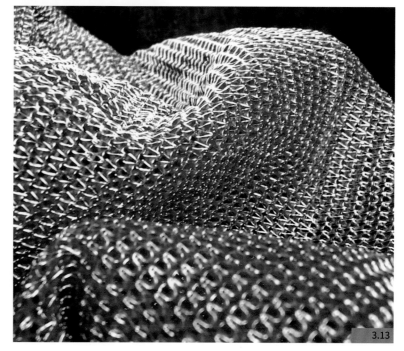

3.13

图 3.13
双面导电针织物，前后
有不同的电子特性。
布朗格德维尔。

要注意到针织和梭织纺织品之间的根本区别，即使是制造商，有时也会混淆这些术语，但它们其实指的是完全不同的结构和性能。梭织物通常没有弹性，而针织物是有弹性的，您无法把梭织的 T 恤衫直接从头顶套进去。在织造工艺方面，它们也很不同。典型的针织结构通常使用一根长的单纱在一系列相互锁紧的线圈中嵌套，而梭织物则需要在织机上设置好一定量的垂直的经纱，再使纬纱通过这些经纱织成。织机的安装很麻烦，但装好后，同样的经纱就能被用于多个面料。

这些差异意味着导电织物的表现也会不同，还需要一些不同的技术来最大程度地发挥它们的作用。例如，在大街小巷的商店里，很容易在眼花缭乱的橱窗中找到导电塔夫绸（销售助理可能并不知道这个面料是导电的，可以用万用表来测试）。但是这种吸引人且易获取的纺织品只能单向导电，反方向则不能。如果您遇到这个问题，并且需要确保项目在各个方向上的电流连续性，那么您可以创建一个双组结构，具体操作参见本章的练习六。

通常情况下，您不会想在导电面料上建一个电路，因为它会同时连接所有组件，而且电流的方向不会像创建电路的方向那样可以被引导。这些类型的面料是有用的，但不适用于制造开关和传感器，它们可以代替缝合线来连接电路。请参阅练习板块来设计您自己的电路。

说到这一点，布朗格德维尔想出了一个非常独特的方法，用导电双面针织物做出了一个电路板。电路板通常用树脂或环氧树脂复合材料制成，将电子元件焊接于其上以制造电路。事实上，导电双面针织物的针织结构更接近带状板或无焊电路板，因为水平方向的导电纱是连续连接在一起的，而不是一系列等待焊接的孤立的小孔。有关更多详细信息，请参阅推荐阅读中的链接。

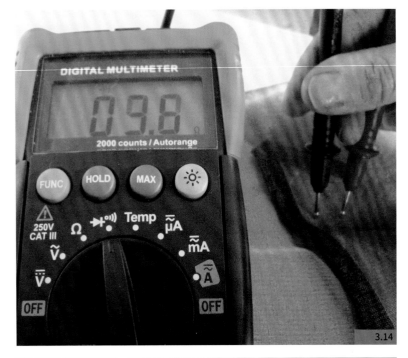

3.14

图 3.14
万用表读数不停地在变化，意味着有一股电流通过材料。

因为这种针织结构不会磨损，所以您可以在电气元件的背面切断连接的导电层，这样电流就可以流过它们而不是围绕它们流动。请参阅布朗格德维尔网站中的教程。如果您对此持怀疑态度，也担心面料上平行的导电纱线会互相碰触（那为什么您想要一个柔性底层呢？），杰西有一个非常有用的教程（参见推荐阅读）。她使用细的汇流线来编织，所以浮子确实可以在不磨损的情况下进行切割，她还根据要连接的组件的尺寸以及成品的可能用途，讨论了导电层之间所需间隔。这两个例子在它们如何连接组件方面也不同。杰西采用焊接的方式制作总线路，而布朗格德维尔则提倡用导电纱线以手缝的方式将各部件的引线缝制在一起。

还可以探索其他纺织材料，如泡沫和挤出式有机硅，而一些制造商正在不断研发新工艺、新方法来创建金属面料，如琳恩·坦德勒，她把自己的创作过程看作是锻造和编织（见第四章中一个简短的案例研究）。

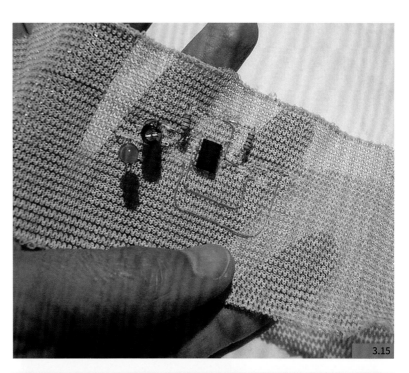

3.15

3.16

关键问题

假设您已经把一个 LED 缝到导电织物上，解释一下电路不能工作的原因。您会怎样解决这个问题?

图 3.15
织物电路板；使元件附着以产生电路。
布朗格德维尔。

图 3.16
针织电路板；这种针织物的结构就是这样的，它可以在没有磨损的情况下被切割。
杰西。杰西·西伊（Jesse Seay）。

万用表的使用

利莫尔·莱蒂阿达·弗里德（Limor"Ladyada"Fried）通过阿德弗里特公司（Adafruit）在线发布了许多教程，可以为您提供性能良好的电熨斗和其他设备，以及教程（见推荐阅读）。本书的目的是让您快速找到创作起点，但是如果您想更清楚地了解自己的个人水平，也可以上网查询，网上有大量的资料。阿德弗里特公司给初学者带来了很多视频，还有各种指导，其中包括穿针、使用刺绣环，以及更高级的技能，比如用树莓派制作自己的电脑。

用万用表测试电流的连续性

在这里，您将学习如何使用能发出哔哔声的装置，我们可以用它来测试金属外观织物是否是真的金属，这是否会对您的项目有帮助？这就是万用表，它不仅可以对前面的问题给出一个"是 / 否"的回答，还是我们创作的好起点。万用表是一个非常有用的装置——和其他所有事物一样，一个好的选择会使一切变得不同。在我们现在的研究方向里，您的主要关注点可能是电流连贯性（电子是连续的吗？）和电阻（测量欧姆值）。

当您购买了一个万用表，您可能需要：

· 用压电蜂鸣器进行连续性测试；

· 下至 10Ω（或更低）和高达 1MΩ（或更高）的电阻测试；

· 下至 100mV（或更低）和高达 50V 的直流电压测试；

· 下至 1V 和高达 400V（美国 / 加拿大 / 日本的200V）的交流电压测试；

· 二极管测试。

如果想要快速便捷地更换电池，那就要用 AA 电池，也就是 5 号电池，而不是纽扣电池。使用的时候，您可能也会喜欢一个能让它保持直立的架子。

· 找一个有类似声波符号的计量表，如图 3.17 所示。那么，当您用两根探针形成一个电路时，它就会发出小的"哔哔声"。

· 如果要确定织物是否导电，请将仪表上的表盘转到测试导电的位置（如果设置里有多个功能，您可能需要用按钮来选择模式），然后触摸有关织物的两个探针。

· 如果没有发生任何情况，请先检查探针的正负极是否相对，它们需要创建一个电路并发出一声蜂鸣音以显示导通性。沿经纱和纬纱（垂直和水平纱线）测试织物，以避免它出现单向导电的现象。

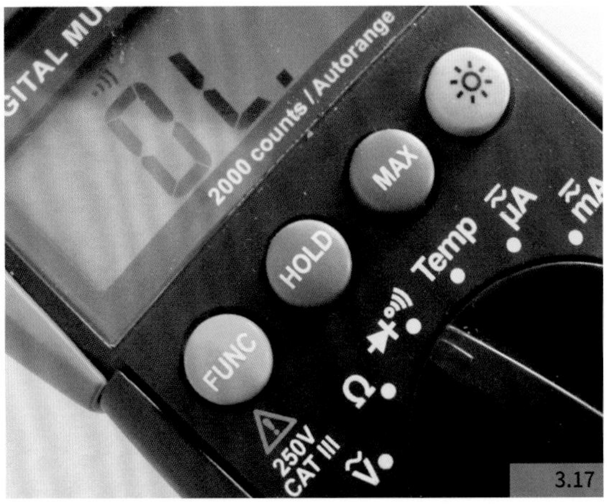

图 3.17
万用表的连续性；三条看起来像声波的线路的意思是，设备有一个连续性设置（并非全部设置）。当电流连通并流动时，设备将发出哔哔声。

练习五：
使用万用表测试连续性和电阻

电阻是指一种材料对抗电流的能力，它是以欧姆为单位测量的。万用表将显示纱线或织物在两点之间的电阻值；这在比较材料时很有用。如果您想用柔软的纱线有效地取代硬质纱线，那就需要一种电阻很低的材料。如果想用电路中产生的电阻来保护 LED，就需要知道所用纱线的电阻值；如果想利用热量（由于电阻而释放的能量）来工作，则需要一种高阻抗材料。

— 选择您的纱线并将它们放平，以便确保每次测量的长度相等。

— 打开万用表并选择高量程。

— 将探针保持在距离材料 10cm 之外的地方。

— 如果读数为 OL 或 1，请选择一个较低的量程（OL和 1 都指超出了量程范围）。

— 如果在最低量程中得到 OL 或 1 作为读数，则材料可能根本不通电（可能电流断开），请连续使用不同的预设档对其进行测试。

在图 3.18 和图 3.19 中，贝基·斯特恩（Becky Stern）展示了长度差不多的双股和三股钢纱线之间的电阻差异。两者都具有低电阻率：纱线由阿德弗里特公司出售，两股的每英尺 16Ω，三股的每英尺 10Ω。

图 3.18
双股纱线的电阻；电阻在万用表上显示为欧姆值。数值越低，纱线导电性越好。
阿德弗里特公司。

图 3.19
三股纱线的电阻；单股纱线中金属纤维含量越多意味着在相同长度上具有的电阻值越低。
阿德弗里特公司。

通常情况下，万用表上的电阻预设档是用来寻找电阻值的（参见下一节：电阻是电路的一部分）。电阻器的编码是彩色的，它们的数值范围从一欧姆到千欧姆甚至兆欧姆不等。然而，如果您没有信心来阅读这些文字，了解万用表的使用方法，并找到它们的值也是很有用的。

- 电阻与方向无关，使用万用表表笔的方式也不重要。
- 不要在电路中测试电阻，您不能得到正确的读数。
- 先选择万用表上的高量程，如果它的读数是 OL 或 1，则需要选择不同的量程。这种情况通常会出现在万用表量程太低的时候。

- 用探针接触电阻的每根引线。
- 当您期待的是 1 千欧姆的读数，得到的往往是 0.988，因为没有一个电阻是完美的，它们总是带有正负 5% 的公差指示；在这种情况下，您的电阻测量结果是 0.988kΩ 的时候，可以作为 1kΩ 使用。

请参阅本章末尾的推荐阅读，以获取优秀的在线教程和解读链接列表。

练习六：
用导电塔夫绸创造可靠的连续性

假设您在一家当地的面料店中买到一些导电塔夫绸，下文会教您如何确保在整个织物上获得可靠的持续电流（比如用来制作软开关，在本章后面的部分中有更多细节讲解）。

3.20

- 取两块面积大小相同的塔夫绸。
- 使用万用表测试导通性，找出导电纤维的运行方向。
- 将一块塔夫绸放在另一块上面，这样一块塔夫绸的导电纤维垂直运行，另一块水平运行。
- 将两块缝合在一起，以便使导电纤维互相接触。
- 用非导电线或导电线来操作都可以，缝纫线的数量以及针距对成品效果也有一定影响。
- 如果您试着做几个不同的样品，就可以通过测量两点之间的电阻来比较它们的不同。

可以用罗纹织带或其他织带来处理边缘，以防止磨损。

图 3.20
具有方向导电性的塔夫绸。将两个面垂直地缝合在一起（以直角），以确保在两个方向上都有电接触。

关键问题

如何使用万用表上的导通性设置来检查缝合电路中的问题？

作为系统一部分的纺织品

这一部分涵盖了整个系统，包括电压、电阻和电流之间的关系（欧姆定律）、输入和输出的基本原理（I/O）以及安全使用电源和纺织品等。您将练习在软织物和硬组件之间建立电声连接装置，并将通过使用多个 LED 灯将进行相同设计的串联和并联版本来扩展对电路的理解。

导电丝线和织物只是更大系统中的一部分。您需要与硬件组件、软件编程和一系列其他纺织品及工艺材料一起工作，将所有的东西聚集在一起，以解决您在创意概念中涉及的所有制造和交互问题。

在本章的开头，您学习了如何使用接口和其他方法来隔离暴露的线和结。现在我们来看看设计师是如何管理创造性电路中的电阻的。

电压、电流与电阻的关系（欧姆定律）

将电流与流经管道的水之间进行比较是老生常谈的一件事，这样理解电路的工作原理很直观。

电压（V）被定义为电位差。它是一种力量，一种等待机会发生的东西，您可以把它想象成等待着从一个高罐经过一根管道往下流的一潭水。9V 的读数是指高罐和低罐之间可测量的差异，或者在电路两点之间可测量的差异。

电流（I）是电子流过给定点的速率，它是用安培计来测量的（但我们使用 I，而不是 C）。更高的电压会更快地推动电子通过"管道"。

电阻（R）就像管道中的一个狭窄部分，阻碍了电流的流动。可以想象，当管道内部的力增加时，它会减慢电流或导致另一种形式（通常是热）的能量释放。

它们之间的关系很简单，我们用方程 $V=IR$ 来计算。这意味着，只要我们知道两个值，就可以计算出第三个值。

举一个例子，您有一个 9V 电池，并希望限制电流为 30mA（0.03A）。为了计算电阻值，您需要将电流限制在这个值以内，因此，您重新排列方程成为 $R = V/I$。根据 V = 9V，I = 0.03A：

解：R = 9 ／ 0.03 = 300（Ω）

为什么要这么做？因为许多组件只能应付这么多电流。养成检查数据表的习惯，并用万用表检查数值。您也可以根据在线的其他方法来计算纺织电路中需要的电阻值。

图 3.21
欧姆定律描述电压、电阻和电流之间的关系，并用于计算电路中的参数值。

3.21

一些研究人员没有使用缝合在织物上的现成电阻器，而是利用导电纱线和织物的电阻率来制作自己的、更具表现力的电阻器，作为整个纺织系统设计的一种更综合的方法。拉米亚·古威什坎卡（Ramyah Gowrishankar）开发了一系列使用特定纱线的可重复刺绣图案，她知道这些纱线可以放入缝合电路设计中，以引入预定义的阻力水平（图 3.22）。

杰西·西伊没有在她的针织电路板上使用电阻器（图 3.23），因为她计算出保护 LED 灯所需的电阻，可以由用来缝合 LED 灯的导电纱线提供。

香港理工大学的一个由时装设计师、电子纺织专家和电子工程师组成的团队将这一切进一步推进，并设计了一套完整的设计方案，使纺织电路看起来不那么技术化，而更像"纺织品"。假设二维织物形状的阻力取决于长度，团队成员只需将所有相似形状的导电织物的电阻相加，即可计算出导电路径的总电阻。只要导电织物的总面积保持不变，就可以在更符合服装美学标准的新形状之间重新分配总电阻。这解放了设计团队的审美局限性，为电路的重复性审美表达创造了一种新的可能，使之成为集成到整个概念中的设计特征。

3.22

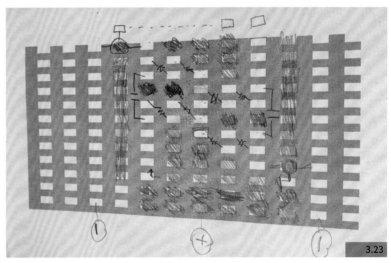

3.23

图 3.22
具有特定电阻值的图案可以通过一个较为系统的方法在刺绣中选择纱线、面积和针距密度。
拉米亚·古威什坎卡。

图 3.23
在布艺板上规划电路。
杰西·西伊。

图 3.24
计算导电路径值；这两件衣服的电路具有相同的电阻值，但其布局对策不同，使电路设计成为时装设计过程的一部分。
李立（Li Li）等人。

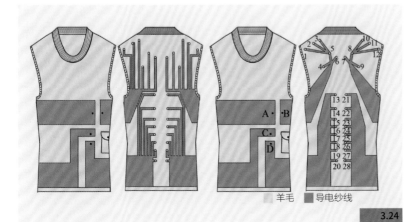

3.24

输入 / 输出基本原理（I/O）

在任何系统中，都会有输入、处理和输出。输入可以是处理器识别的开关、传感器、触发器、阈值等，这些处理器通过执行器运行输出恰当的结果。它们可能是屏幕上的文字（"Hello World!"），或者是一个驱动交互式雕塑的马达、录制声音的播放器，当然还有闪烁的灯光。

如果您是一个交互设计师或用户体验设计师，您的设计过程很可能是从定义所需的输出开始的（互动雕塑应该像一只受惊的海星一样，迅速地从观众面前退去）。然而，如果您在纺织业工作，那么您很可能对输入的体验感同样感兴趣，随后才考虑输出。

这是与其他设计师合作时要记住的事情：问题不同，目标也不同。开发令人满意的输入和输出体验需要时间，很难同时做好这两件事。如果要管理好所有这些编程的处理器，需要很多技能，这时候，您可能就需要团队（或大量时间）来完成更复杂的项目了。

在本章稍后，将详细介绍可用输入和输出设备的种类。

安全工作

在纺织品中通电可能会造成灾难，当然，有一些基本的规则可以保证您的安全，只有道歉是不行的。

- 这一能量具有一定的破坏性。您的项目需要保持低功率。
  - 电源电压（V）乘以电流（I），可得到功率（W）。虽然只需要很小的电流就能干扰您的心脏，但身体本身就能保护我们——皮肤的电阻约为 5000Ω 到 15000Ω，显著地减缓了电流。高压本身不会致命，但连续的电流会。
  - 感觉到刺痛的电击可能在 20000V 和 30000V 之间，但项目中的电流很小，所以不会造成伤害。
- 然而，并不需要太多的干扰电流就能控制肌肉和神经，为了安全，不能舔电池。
- 在面料架上时，请勿给电池充电，这样有着火的风险。
- 确保长头发远离热的或快速移动的部件。
- 使用后关闭所有设备。不使用时，将纽扣电池从支架中取出，否则电池很快就会耗尽，需要更频繁地更换。
- 请戴上护目镜和口罩以防灰尘和蒸汽。
- 将导电线穿过针孔时，不要舔舐。
- 工作后要经常清理松散的线头，它们若到处移动，会对后面的项目造成麻烦，也可能对小孩和动物造成危害。
- 即使在纺织品中也要注意不同的材料，小心低熔点的人造纤维。

纤维燃烧表

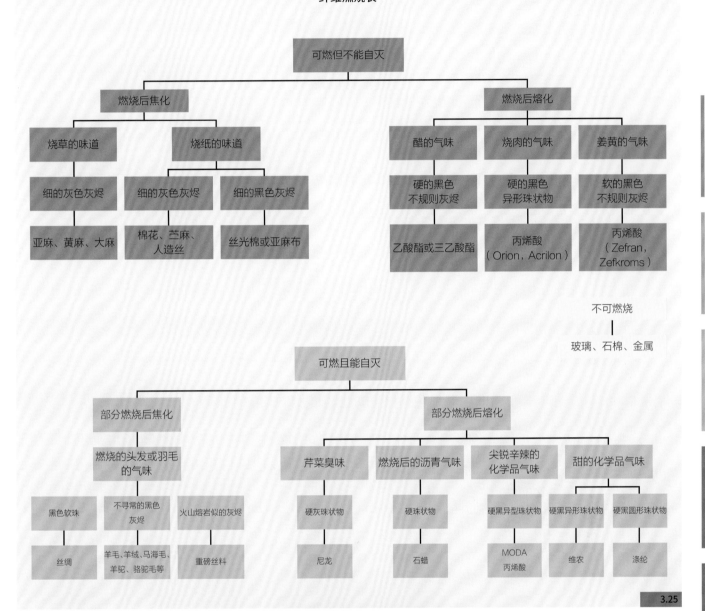

可燃但不能自灭

- 燃烧后焦化
  - 烧草的味道
    - 细的灰色灰烬
      - 亚麻、黄麻、大麻
  - 烧纸的味道
    - 细的灰色灰烬
      - 棉花、苎麻、人造丝
    - 细的黑色灰烬
      - 丝光棉或亚麻布
- 燃烧后熔化
  - 醋的气味
    - 硬的黑色不规则灰烬
      - 乙酸酯或三乙酸酯
  - 烧肉的气味
    - 硬的黑色异形珠状物
      - 丙烯酸（Orion, Acrilon）
  - 姜黄的气味
    - 软的黑色不规则灰烬
      - 丙烯酸（Zefran, Zefkroms）

不可燃烧

玻璃、石棉、金属

可燃且能自灭

- 部分燃烧后焦化
  - 燃烧的头发或羽毛的气味
    - 黑色软珠
      - 丝绸
    - 不寻常的黑色灰烬
      - 羊毛、羊绒、马海毛、羊驼、骆驼毛等
    - 火山熔岩似的灰烬
      - 重磅丝料
- 部分燃烧后熔化
  - 芹菜臭味
    - 硬灰珠状物
      - 尼龙
  - 燃烧后的沥青气味
    - 硬珠状物
      - 石蜡
  - 尖锐辛辣的化学品气味
    - 硬黑异型珠状物
      - MODA 丙烯酸
  - 甜的化学品气味
    - 硬黑异形珠状物
      - 维农
    - 硬黑圆形珠状物
      - 涤纶

3.25

3.26

图 3.25

纤维燃烧图；纤维具有不同的燃烧特性，并且可迅速引燃、烧焦或着火。聚合物会熔化。凯伦·格雷（Karen Gray）版权所有 2002-2012。迪兹（Ditzy）印刷。

图 3.26

软电路基本套件。市场上有许多启动套件；布朗格德维尔套件很特别，它提供了诸如电位器和按纽等纺织部件。布朗格德维尔。

练习七：
缝合串联和并联电路

您已经用单个 LED 灯缝合了第一个串联电路。如果您重新创建了相同的电路设计，并将另外两个 LED 排成一行，请注意灯亮度的变化（确保所有的 + 和 − 符号都朝着正确的方向）。为什么会这样呢？现在把第二个电池添加到这个电路中，LED 灯的亮度会发生什么变化？并联电路之所以有用，是因为它可以从一个电源产出更多的输出量。根据图 3.28 所示，使用鳄鱼夹来模拟一个具有三个 LED 灯的并联电路（这相当复杂）。这有助于在开始缝纫前检查连接的工作方式。

现在，在一些织物上画一个平行的电路，再次使用绣花环，将电路与三个 LED 灯缝合。记住，每次遇到 LED 灯时都要完成您的导电缝合线（不要穿过 LED 灯背面继续进行缝合）。图 3.29 展示了一个工作室参与者使用并联电路创建的带有多个 LED 灯的定制吉他背带。

图 3.27a & b
串联和并联电路图。在串联电路中，所提供的电压应等于元件之间的电压差。在并联电路中，可以添加多少个 LED 灯是有限制的。
玛莎·格莱兹。

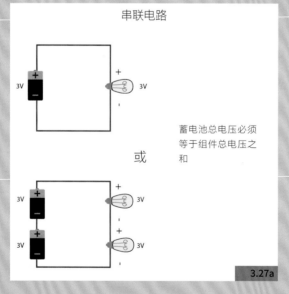

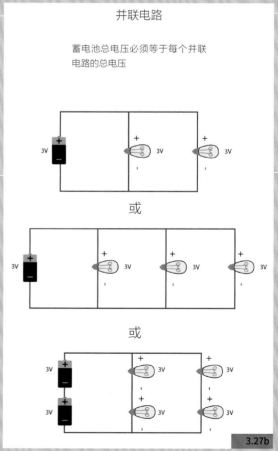

3.28

3.29

图 3.28
使用鳄鱼夹制作一个电路原型；检查计划过程中所需的连接。此图显示了处于打开状态的磁性开关，允许电流流向 LED 灯。

图 3.29
制作带有多个平行 LED 灯的吉他背带。

1 项目一：
"可视手套"（VisiGlove）

熟悉形式→缝合电路→手动触摸开关
→LED 输出→以信号的方式输出

该项目是由诺丁汉特伦特大学设计与技术
（D&T）学科知识增强课程（SKE）的
学生开发的。本课程旨在帮助学生和教师
对基本设计与技术概念加深理解，特别强
调设计和制作二级设计与技术课程所固有
的过程。在为期 8 周的课程中，学生们
完成了各种各样模块的学习，其中包括一
个以"可见"为主题的电子纺织品（电织
品）设计开发团队设计和制造项目，该项
目由当地的基诺·尼克（KITRONIK）公
司赞助，并提供了可缝合的组件。"可视
手套"是在基诺·尼克公司和学生娜塔莎
索·罗古德（Natasha Thorogood）、
塞恩·图恩（Sian Toon）以及乔安妮·迪
恩（Joanne Deane）的许可下复制的。
其他与 VisiGlove 相关的图片以及其他的
项目指导可以在下列网址中查看：

kitronik.co.uk/baglight；
kitronik.co.uk/visiglove；
kitronik.co.uk/glosport；
kitronik.co.uk/smartband。

图 3.30
项目所需材料和工具。

3.30

您需要的东西：

· 一副手套（可以是您喜欢的自行车手
套，但绝不能用无指手套）；
· 高能见度/反光织物
（150mm×50mm）；
· 基础织物——黑色的棉织物
（200mm×50mm）；
· 尼龙搭扣条×2
（30mm×80mm）——最好与基布
的颜色相同；
· 薄塑料顶层（200mm×50mm）（如
果不需要手套防水，那它就不是必需
的）；
· 3 米导电线；
· 20 个可缝纫 LED 灯（kitronik
www.kitronik.co.uk/c2714-
electrofashion-led-boar）；

· 万能胶水；
· 白色非导电线；
· 黑色非导电线；
· 缝纫针；
· 熨斗和熨衣板；
· 织物用剪刀；
· 纸用剪刀；
· 缝纫用画粉；
· 3V 纽扣电池×2；
· 缝纫机；
· 激光切割机；
· 手术刀和切割垫；
· 非导电织物（40mm×120mm）；
· 4 条导电织物（8mm×35mm）；
· 4 条黏着网（Bondaweb）
（8mm×35mm）。

步骤1:做好准备

— 准备上面列出的所有设备和材料。

— 在 A3 纸上打印并裁剪出和实际大小
  等大的纸版。

— 把纸模版放在不同的织物上,沿着纸
  版剪下所有必需的片状材料(我们可
  以将纸模版钉在织物上,或用缝纫用
  画粉沿着纸模版在织物上画出轮廓)。

步骤2:缝合魔术贴

— 用机器或手将柔软的魔术贴镶在基础
  织物的箭头上(使用缝纫机可以使连
  接更牢固)。

— 注意:可能需要将魔术贴裁剪到合适
  的尺寸。

步骤3:标记LED

— 使用缝纫用画粉借助纸版标记 LED 灯
  的位置。

— 将 LED 灯胶合在适当位置,检查它们
  是否与反射层箭头上的孔洞对齐。

— 至少需要 20min 才能使胶水干透。

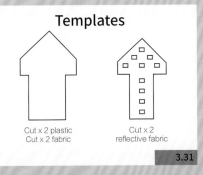

图 3.31
纸模版。

图 3.32
机器缝制魔术贴。

图 3.33a
缝纫用画粉。

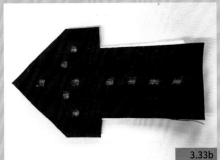

图 3.33b
LED 灯模板。

图 3.33c
标记 LED 灯的位置。

图 3.33d
将 LED 灯固定到位。

步骤4：等待胶水干透的时候，我们可以制作一个柔软的电池座

— 如图所示，将黏着网熨到非导电织物上，粗糙的一面朝下。

— 剥下黏着网上的纸层，将导电织物熨烫到黏着网上。

— 手工缝制，将导电线穿过一块不导电的织物（确保它能穿到织物另一边，这样这根线就能接触到电池）。

图 3.34a
软电池座组件。

图 3.34b
把黏着网熨在毡布上。

图 3.34c
将导电织物熨烫到黏合带上。

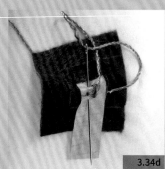

图 3.34d
通过导电织物手工缝合。

图 3.34e
以手工方式缝合导电织物。

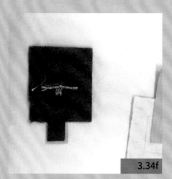

图 3.34f
缝合后与电池接触。

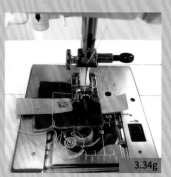

图 3.34g
将前后片缝合。

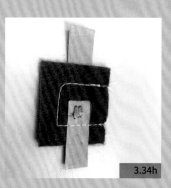

图 3.34h
电池承载物的正面。

步骤4：(续)

— 在缝纫机上用不导电的线沿着正方形的三个边将两块不导电的织物缝合在一起（见模板）。

— 用不导电的线在手套内缝上电池座（我们的电池座是缝在手套内部上方的，这样就可以放在手背上）。

步骤5：缝上您的发光二极管

— 根据模板上所示的图案，用导电线将黏在织物基布上的LED灯缝合起来。

— 把所有的正极连接在一起，然后把所有的负极连接在一起，这样电路就并联了。

— 把您的两个3V电池放在电池座上，检查电路是否正常工作（LED灯点亮即正常工作）。

— 注意：当两根导线相交时，确保您的导电线不接触。

3.34i

图3.34i
电池座的背面。

3.34j

图3.34j
将电池座安装到手套上。

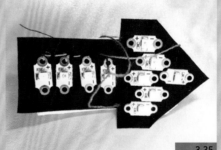

3.35

图3.35
根据缝合模板的标识将LED灯缝到手套上。

步骤6:黏附在反射箭头上

— 在反射箭头的反面使用少量胶水将其黏在 LED 灯顶部。

— 在箭头的反面,将导电线缝合,以便连接两个小方块状的导电织物。

步骤7:手套

— 用不导电的线将魔术贴的另一面缝到手套上。

— 用导电线将两块导电织物缝在尼龙搭扣上(与 LED 箭头上的块匹配)。

— 注意:右侧正方形应通过正极连接到底部 LED,左侧正方形应通过底部 LED 的负极相互连接(确保导电织物的这些正方形不接触)。用不导电的线将两个指尖的导电织物缝合到手套的外面。

图 3.36
另一半的魔术贴缝在手套上。

图 3.37a
连接指尖电极。

图 3.37b
在正确位置的手套指尖电极。

步骤8：连接指尖开关

— 将电池座的正极，用导电线缝合到魔术贴粗糙面的方形导电织物上（手套外面的导电织物小方块）。

— 然后将电池座的负极连接到拇指尖（将其连接到指尖的导电织物上）。

— 将箭头的负极与食指尖进行缝合（连接到食指指尖的导电织物上）。

— 注意：最好沿手套内侧缝制，这样从外面看不到缝线，不会妨碍手套的使用。

3.38

图 3.38
完成的手套。

3.39

图 3.39
使用中的"可视手套"。

其他材料：电子、家电及其他面料

可以使用各种各样的手工材料来辅助或替代电子纺织品。任何可以形成具有强烈色调对比度的图案的物品都可以用来制作二维码，例如，在图 3.40 中索伦·阿纳多蒂尔（Thorunn Arnadottir）设计的连衣裙（使用第四章中的美学准则完成属于您自己的款式）。

同样，把您的技能从其他领域带到这里来。珠宝制作提供了大量优秀的工具和技术，可以在处理小部件时进行调整。检查圆嘴钳、扁嘴钳和 D 形钳、金属丝、环和头销用端铣刀、吊环、链条和紧固件。它们在珠宝领域就等同于各种零件。请注意，贵金属所使用的焊料与电子元件所用的不同，也不能混用。试着利用 Cooksons 网站来获得更多的信息，并寻找更高质量的工具，包括德雷梅尔（Dremel）旋转工具（用于小规模的切割、打磨、抛光和钻孔），还能找到一些巧妙的方法来固定诸如砂纸之类的东西。比如图 3.41 中带环形条的弹簧棍使用起来会很精准。针和曲锉刀非常适合精加工、去毛刺，并为电子设备开一个小而适度的空间；如果要用珠宝商的穿孔锯，您可以先做些实践练习，然后切割非直角 PCB 板和装饰性太阳能板。

杂货商店和硬件商店提供了无尽的创作可能性。可以使用标准的金属拉链、钩子、扣子和扣件等作为缝合电路的一部分。只要它们没有被涂上塑料层——即便有涂层，也只需打磨后，把塑料层去掉露出金属就可以了。

3.40

图 3.40
要快速识别二维码（QR），代码颜色一定要较深，并具有良好的对比度。即使在丢失三分之一数据时，代码仍然可以工作。用智能手机扫描二维码可以获得在线内容。索伦·阿纳多蒂尔，2011。

3.41

3.42

也可以使用其他导电材料，如尼龙搭扣、胶带、颜料、油墨和胶水。量子隧穿复合材料（QTC）泡沫，比如 Velostat 材料是导电的，但它们可用于制作湿软的模拟传感器。也能开创性地使用热缩管，这是一个热塑性套管，可以切下来覆盖裸露的电线和焊接点；当加热时，它会收缩到原来直径的三分之一。可以使用热熔枪来处理，但是热熔枪非常热，要让孩子们知道这不是吹风机，以免烫伤。当电池被引入工作中时，不仅要记住您需要的电压（以及您是否需要充电），还要考虑形状因素——它们是平放的，还是在织物表面上隆起的？您需要为它们做一个袋子，还是有一个可以使用的支架？纽扣电池是一个很好的选择，因为它们又扁又平，许多电池底座都可以缝合到织物上，同时也方便修改。

图 3.41
用于珠宝制作的砂锥棒。锥形端允许制造商完成小的或难以触及的表面，弹簧加载的设计意味着砂纸可以很容易地更换。

图 3.42
子母扣（绝缘的）。这些黑色的按扣有涂层，因此不导电；使用银制的无涂层按扣可以导电。

开关和滑块

在本节中，我们将讨论开关和滑块之间的区别。两者都是输入设备，但它们代表了数字和模拟设备的区别。打开一个电灯开关，您会发现里面有一个只有两种状态的简单装置：开（关）和关（开），或者用二进制表示，0或1。早些时候，您做了一个二元开关电路——LED灯，要么是开着的，要么是关着的，没有中间状态，从一种状态切换到另一种状态只需要一个动作。

模拟系统允许您通过捕获给定参数内不同值的范围来处理中间状态。如果您打开一个滑块，它可能看起来像图3.44所示的。

可变电阻器和电位计也是项目涉及的术语。这二者是密切相关的：可变电阻器可以有多种形式（包括纺织的）；电位计通常通过第三输出引脚将电路中的一些电压分配给其他组件（它是分压器），同时，它也是电路活动的引导者。电位计可以是模拟的（您可以手动转动旋钮或滑动杠杆），也可以是数字控制的。它们类似于可变电阻，因为电位计由一个沿着一段电阻材料移动的触点组成，以控制两点之间的电阻。以这种方式处理中间状态的一个主要含义是，通常需要一个处理器来理解正在生成的值，并利用它们之间的差异来实现其他目标。这将在本章的微处理器部分进行更深入的讨论。

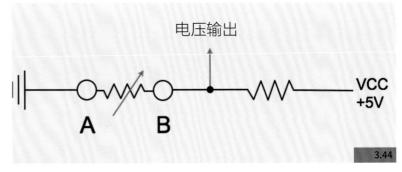

图 3.44
可变电阻器的示意图。在 A 和 B 之间穿过箭头的锯齿形线是可变电阻器的符号（例如导电织物的弹性片）。
利亚·布切利。

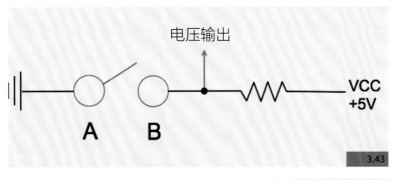

图 3.43
简单开关的原理图；A 和 B 不连接，因此图中的开关断开。
利亚·布切利。

有许多方法可构建开关，包括簧片开关、倾斜开关和磁性开关，尝试根据第一原理自己制作开关，可以参考图 3.45 中所示罗宾·彼得德（Robin Petterd）的版本，这是了解它们的一种很好的方式。这也能很好地帮助您思考所有电子元件在工作中表达的潜力——罗宾的开关触发了大海的声音。

纺织品是制作开关的好工具，可以看看科巴坎特的开源教程页面中的文章（《如何得到您想要的》）来提高您的技能。即使是简单的二进制开关也会让您思考很多，比如使用它们时的人类体验、所需的行为和动作或手势、实现这些操作的难易程度，以及交互的材料质量。劳拉·格兰特（Lara Grant）的"按压复位"（Push Reset）系列实验性毛毡接口包含了导电和电阻织物、纱线和线，其中一些会发出声音。

3.46

3.45

图 3.45
带水的倾斜开关；盐水比普通饮用水的导电性强得多。在这个悬挂式按钮盒中，水被用来连接两个电极，作为可视倾斜开关的一部分。
罗宾·彼得德。

图 3.46
纺织可变电阻器，可用于画廊的触觉探索。
劳拉·格兰特。

练习八：
制作织物压力开关

如果要做一个压力开关，您需要用一块棉絮填充垫料或一块有开洞的毛毡（也可以尝试使用不同尺寸的网眼布），将两层导电织物分开。当按下时，导电层需要满足图 3.47b 所示的要求。连接到电池负极的缝合线迹应连接到某一层，而通向正极的痕迹应连接到另一层，导电织物层接触时，电路将变得完整。想想您的开关是什么样的，剪出面料图案，然后把开关藏在后面。

3.48

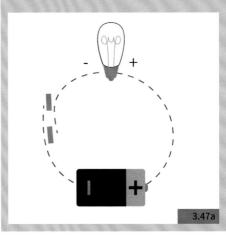

3.47a

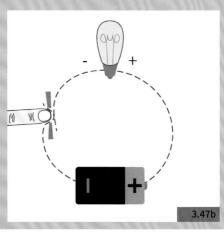

3.47b

图 3.47a
压力开关结构关闭（导电织物层保持分离）。
玛莎·格莱滋。

图 3.47b
压力开关结构打开（手指的压力将两个导电层结合在一起）。
玛莎·格莱滋。

图 3.48
贴花设计的压力开关；将导电表面分开的泡沫已经用另一块贴花做了装饰。
莎拉·沃克。

练习九：
制作织物倾斜开关

我们可以用电池的一个电极上多条导线的方式来制造一个简单的倾斜开关。每根线路的末端都应该有一个导电的贴片，在这里用有图案的导电织物制成，这样，连接就更容易了。然后，从另一个电极引出的导线应该在触点之间摆动。将金属珠穿在导电纱线的末端，或试着用一些导电线做金属珠；用木珠将导电线的长度绝缘。

3.49a

图 3.49a & b
倾斜开关，用鳄鱼夹测试。电池和每个
LED 灯依次连接。
莎拉·沃克。

图 3.50a-d
倾斜开关示意图（依次显示打开每个开关时的连接）。
玛莎·格莱滋。

3.49b

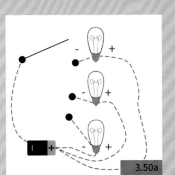

3.50a

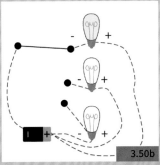

3.50b

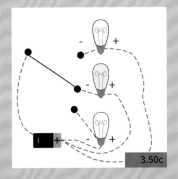

3.50c

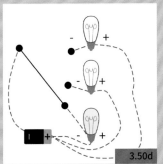

3.50d

输入（传感器）

本节介绍了不同种类的传感器,包括现成的电子产品、纺织元件和制作的实验纺织品传感器。此外,在设计带有传感器输入的系统、考虑其他输入数据选项以及考虑未来的输入技术时,我们还将探讨一些基本问题。

现成的电子学

如果您想捕捉特定的动作,柔性传感器是很有用的,可以在许多交互手套设计中的手指部分找到它们。在弯曲时柔性传感器会产生电阻的变化。要小心地安装易碎的底座,确保只有传感器的功能部分弯曲。"火花"(Sparkfun)有一个关于使用这些代码的很好的教程,其中包括 Arduino 代码(请参阅推荐阅读)。

光敏电阻器是依赖于光的电阻器。它们会随着周围光线的变化而改变电阻值,所以可以使织物在太阳下山时自动发光。

临近性、方向性和 GPS 是非接触传感形式,根据您想要感知的材料有不同的方法,例如,磁性(簧片开关)、电感、电容或光电(发射器/接收器)。

3.52

3.53a

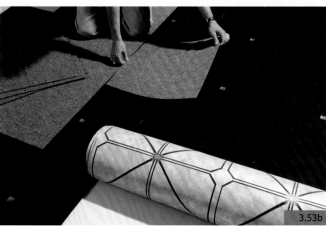
3.53b

图 3.51
柔性传感器;随着传感器的弯曲,其电阻逐渐增大。

图 3.52
光敏电阻器(光传感器)的电阻会随着光线变亮而下降。

图 3.53a&b
传感地板配件。每平方米的 3mm 厚织物底层有 32 个接近传感器的网格,并通过无线电通信将数据发送到基本单元。
未来形态有限公司(Future-Shape GmbH)。

3.51

传感地板是一种大面积空间感测技术，它基于由未来形态有限公司发明的测量算法创作而成。所有导电材料都可以用作传感器，以检测几厘米的距离；大面积传感的挑战是滤除不相关的电磁噪声。传感器包括金属表面、导电织物、编织或缝合线、导电涂层玻璃或箔等。

织物元件

尽管织物形式的传感器在商业上还未广泛应用，但它们已经存在于工业生产中。量子隧道复合材料（QTC）是一种迷人的导电化合物，可以将泡沫和其他开放结构浸入其中以产生电容传感作用。该结构有利于检测空气中的有机分子化合物，有效地"嗅出"化学物质。

佩拉科技（PeraTech）

纺织面料知识对于将概念转化为功能性产品是必不可少的。泰莎·阿克蒂（Tessa Acti）为英国的一个研究项目提供了她的刺绣知识，以开发用于搜索和救援应用的功能性织物，系统地研究纱线的密度、长度、纤维成分和纱线捻度结构来创建原型，可以对其改进的功能进行测试（见第四章案例研究）。

还可以测量温度和湿度；湿度可以通过放大两个金属区域之间流动的电流来感知，并设置一个阈值，在该阈值以上的空气中的水分含量被理解为高（湿度越高，空气的导电性越强）。

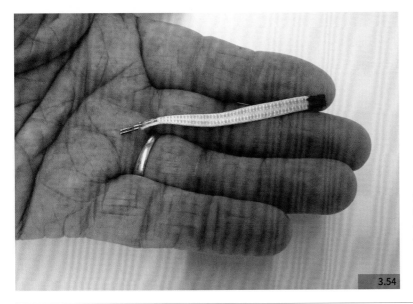

图 3.54
QTC"鼻子传感器"。在某些分子的存在下，该材料会膨胀并改变其电阻，可将其融入纺织品以监测危险化学品的存在。

3.54

精制织物传感器

科巴坎特将开源软件的概念应用到电子织物的学习中。图3.55展示了完全由织物制成的各种各样的毛球、倾斜、触控和触摸传感器。科巴坎特的网站（参见《如何得到您想要的》一文）提供了所有制作这些传感器的说明。尝试钩针、法式编织和许多其他手工艺纺织技术，并且可以看到一些介绍性的练习项目。

当收集有关人们的数据时，设计问题会牵涉到道德和政治问题。当您做出设计决策时，您需要记住（感知）协调好有用性和隐私之间的平衡。大数据将许多个人的信息流到云存储，以便实现远程行为模式识别的目的。您手机上的一些应用程序是能够从后台的其他应用程序中获取用户信息的，而我们大多数人都没有意识到这种情况的发生。应用程序开发者自己也无法顾及他们可以使用的每一个权限设置（有很多），我们中的许多人在给予权限时并不了解我们同意的是什么。

看看这段来自一个大型研究项目的引文：

基于织物的传感器可以在日常活动中持续监测生理参数，而且还不引人注目。无创体液化学分析是个性化可穿戴医疗系统中一个新的令人兴奋的领域。BIOTEX（生物纺织品）是一个欧盟资助的项目，对汗液特别感兴趣，旨在开发某种织物传感器以测量生理参数和体液的化学成分。现已开发出一种可穿戴式传感系统，该系统集成了一种基于文本的流体处理系统，用于样品采集和运输，并配有许多传感器，包括钠、电导率和pH传感器。还开发了用于出汗率、心电图、呼吸和血氧的传感器。这是第一个可以实时监测多个生理参数和汗液成分的设备，是通过分布在受试者身体周围的可穿戴传感器网络实现的。这对运动领域和人类表现有着巨大的影响，并在临床环境中打开了一个全新的研究领域。

科伊尔（Coyle）等人，2010

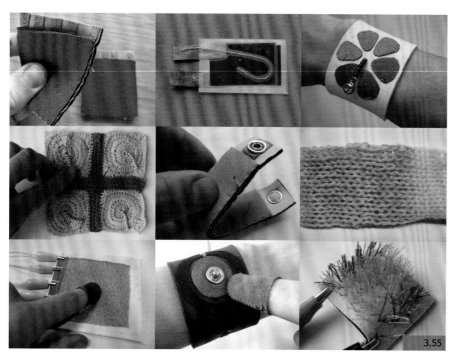

图3.55
使用不同纺织技术的各种织物传感器，包括冲按压开关和倾斜开关。科巴坎特。

3.55

迪弗斯（Diffus）

迪弗斯传感器服装可以让我们更清楚地看到很多环境信息，例如二氧化碳、污染和气体水平。

3.57

关键问题

当开始着手设计人体传感系统时，仔细思考以下问题：

— 到底是什么被感知到了？

— 谁知道数据的收集？

— 它有多精确？

— 这究竟意味着什么？

3.58

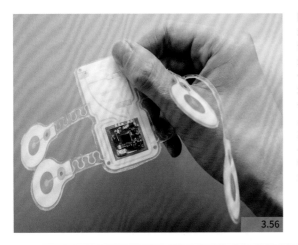

3.56

图 3.56
生物传感器——监测与诊断。酶、血糖和酸等生物反应被转化为电信号，用于医疗和保健领域。这种 ECG（心电图仪）传感器不是在织物上制作的，它也证明了其他柔性、弹性材料在与织物系统相同的应用领域中发挥作用的潜力。IMEC 版权所有。

图 3.57
气候服装（Climate Dress）有感知污染、尾气和二氧化碳的作用。这条裙子是传播设计工作室福斯特·罗赫纳（Forster Rohner）、亚历山大研究所和丹麦设计学院之间的一个研究项目的一部分。它允许合作伙伴开发新的工业技术，将软电路嵌入到电脑刺绣生产中。迪弗斯。

图 3.58
气候服装细节采用 LilyPad Arduino 处理器，由此，LED 的响应从纯粹的亮或灭变成动态的。光照模式会从缓慢到快速不断变化，这都取决于感测到的污染程度。

其他数据流和输入设备的未来

传感技术的发展包括直接来自大脑的输入和灵活的皮肤"纹身"，我们在前面的章节中看到，感知化学变化和微小运动时会产生噪声，利用光子光纤技术就可解决这些问题。"意念猫耳朵"（Necomimi）产品通过前额和耳垂上的传感器测量大脑活动，并对三种心理状态做出反应：集中注意力、放松和"进入状态"。它与纺织设计师，如诺布基·西苏米（Nobuki Hizumi）的合作，拓展了市场。

在皮肤上建立临时黄金纹身，以测量五年内的生物功能，如血液流动、皮肤传导率，甚至认知功能。它可以很精确地测量温度，也能在我们集中注意力、感到快乐或疲倦时，成为生理代谢的指标，因为这时的代谢变化很小。它还能为感染做出早期预警——这种织物传感器已经应用在高性能运动服中。

英格兰橄榄球队使用智能纺织品装备已经有一段时间了。教练和理疗师发现，根据每个球员通过服装不断产生的生物统计数据，他们甚至能在球员自己意识到患上感冒或传染性疾病之前，预测运动员的身体情况。现在的首发阵容和这些洞察后的定期通知密切相关。与此同时，Foxtel 在 2014 年第六届橄榄球锦标赛中及时将这件警示衫推向市场，让观众和自己最喜欢的球员有一样的感受。触觉反馈马达通过手机应用程序将匹配数据传送到衣衫上，这样您就可以感受到团队的紧张、兴奋和疲惫感。

斑点计算是一个欧洲研究项目，与 20 世纪 90 年代在加州伯克利开发的"智能尘"密切相关。该小组设计了一台电脑（包括传感器、处理器、存储器、电源、输出和无线通信），它的体积只有 5mm³。这些"斑点"功率低内存少，但是基于群体行为的巧妙编程意味着数百个斑点可以一起工作，通过网络传递信息，并传输它们所处环境的实时数据。个别"斑点"的物理形状使其在设计上难以与舒适的服装相结合，但这是一个构建分布式纺织品概念的非常强大的平台。人们可以用一个物体上的多个"斑点"来取代动画产业中昂贵的相机运动跟踪系统，它们也可以分布在社交网络和人群中，以探索时尚和文化表达的社会心理学问题。

3.59a

图 3.59a & b
警示衫与智能手机应用程序。位于胸部区域的小型振动电机将生理数据转化为触觉反馈。
福克斯特尔（Foxtel）。

3.59b

练习十：
在传感器设计中使用人物角色和场景

首先创建一个角色——一个可以帮助您思考用户如何体验产品的角色。

1. 先选择三个人对迪弗斯连衣裙的相关信息进行录音采访。确保他们的年龄、背景和性别相似。了解他们的工作背景，平时在哪里购物，通常经过哪些街道，以及他们对环境的担忧点在哪里。
2. 听完录音后把每个问题的答案汇总在一起。可以选择最常见的答案或将答案的几个方面结合起来。
3. 画一个虚拟人物，他或她拥有这三个受访者的各方面特征，比如相同的性别、年龄等信息。
4. 描述这个虚拟人物的习惯、抱负、关注点和生活方式，根据采访数据创建一个令人信服的所有受访者的混合体。将具体描述写在图纸旁边，并为角色起个名字。

您可以以不同的方式使用这个角色。它可以告知您的设计过程，您正在研究的可穿戴设备的功能或美学表达方面，他或她喜欢什么；或者，您也可以为角色创建一个场景，让角色通过这个场景来思考一些问题，比如他们对产品的体验是如何受到环境和使用的影响的。

创建一个场景：

1. 想象一个背景，比如一个大城市的繁忙路口。那里发生了什么事？什么感觉被激活了？是嘈杂的、荒芜的，还是交通堵塞？广告屏幕、路标、橱窗上是否有信息？其他人是在遛狗还是在玩手机？
2. 想想您的角色：他或她今天想要完成什么？他或她在您所描述的背景下做什么？
3. 增加可穿戴技术或智能织物设计元素。如果是迪弗斯连衣裙，灯什么时候会亮起？这个角色知道它的意义吗？她对此做了些什么？有何感想？旁观者的反应又会如何呢？

人物角色和场景技术为您提供的见解越准确，您对创作投入的研究越多。当您自己和同事思考在这种情况下如何使用该技术时，您还可以把设想的场景当作一次演练——这叫作启发式研究。

输出（驱动）

不同的输出模式都有各自的专业领域。思考一下劳拉·格兰特的这段话：

莎拉（Sarah）正在用一个毛毡折纸"预言者"装置做游戏。当她打开和关闭不同的部分时，毛毡的阻力会改变，这将改变样品的播放速度。劳拉在玩缝纫机……通过将针和缝纫线穿过导电织物而形成两个开关，这两个开关中的每一个会触发不同的声音。这些开关通过串行对象连接到与电脑上的 Max/MSP 对话的 Arduino Diecimila（一种电微控制器板）。机器上的旋钮和按钮可以控制所播放音乐的循环、速度和频率。马特（Matt）将使用 Monome（一个开源控制器）和 Max/MSP 软件来处理这些声音，以在音乐中构建纹理和节奏。彼得（Peter）将旋转电子节拍，使模型与电脑和缝纫机同步，并将从头开始合成的声音，和从低保真电子设备中取样的声音，融入到一个电子合成的童话配乐中。通过他在手机上编写的定制软件，他可以无线指挥整个乐队系统。

戴安娜·恩（Diana Eng），麦琪（Makezine），2010。

如果有什么需要与智能纺织品进行合作的话，那就是利用声音实现有意义的输出。劳拉·格兰特的引文展示了在将传感器数据流转换成声音或音乐输出时需要的不同技术和创造性技能的种类。Max/ MSP 是声音设计师和新媒体艺术家使用的一个受欢迎的软件平台。Max/ MSP 已经迅速扩张，允许艺术家使用包括动画、三维效果和视频在内的视觉输出。作为"奇普曼乐队"（Chipmanband）工作室研讨会文档的一部分，科巴坎特提供了有关使用声音基础知识的详细介绍（请参阅推荐阅读），包括物理、力学以及文化概念。"数据处理中"（Processing）是一个对于初级智能纺织品设计师来说易于访问的软件。这个软件由卡西·里耶斯（Casey Reas）和本·弗莱（Ben Fry）设计，与 Arduino 编程环境有着非常相似的感觉；并且像 Arduino 一样，它有一个非常活跃的社区，社区里的朋友们不仅乐于分享建议，而且乐于分享代码块。您将在下一节进行第一次 Arduino 练习。Processing 软件可以从纺织传感器中形成输出量、驱动纺织项目和可穿戴设备中的执行器，以及生成用于织物表面设计的图案。卡西·里耶斯用它来创造视觉艺术品。

图 3.60
这里展示的是一些针织结构，它们是由不同材料的纱线排列而成的。这些结构将影响最终织物与电机控制运动的行为。得到迪莉娅·杜米特雷斯库的善意许可。

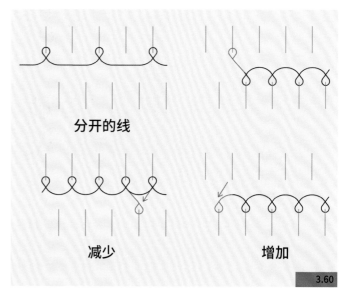

分开的线

减少

增加

3.60

当然，除了声音外，还有很多输出模式，就像输入模式有很多一样。我们将快速观察电机、形状记忆合金和电活性聚合物的运动；在热致变色油墨和染料中调节热量和驱动颜色变化；当然，它们都会以原始数据和数据可视化的形式进行量化输出。

迪莉娅·杜米特雷斯库设计了针织物的内部结构，该结构使用电机控制针织物的多个部位。在操纵不同纱线的位置以创建可折叠结构之前，她用卡片模型对形状、比例和运动情况进行了原型化分析。柔软的Pemotex（佩莫特斯）纱线和细涤纶单丝纱线被编织在一起，并形成整体形状。在纱线柔软的时候编织，可以在不破坏线圈的情况下实现准确的针迹转移。编织后，在 100 摄氏度的温度下对织物进行热压，使其变硬并收缩约 40%；这时纺织品从柔软变硬，外观上接近非织造布。

驱动电机需要的功率比 Arduino 所能提供的要大。事实上，LilyPads 和 Arduinos 只能为 LED 和小型扬声器提供足够的功率。风扇、马达或加热元件需要用单独的电源来运行，这可以通过继电器或开关来实现，也可以关闭 Arduino 以允许其他电源接通。未来的解决方案可能包括更多地使用太阳能电池、人工发电或整合机械动力（如发条手表）。这是我们看到的许多项目，尤其是初学者，使用 LED 的原因之一。在下一节中，您可以学习如何用 Arduino 驱动电机。

3.61

形状记忆合金（SMA）一度很受欢迎。这些合金可以通过加热"训练"回到原来的状态。在图3.61 中，您可以看到时装设计师迪·迈恩斯通（Di Mainstone）与 XS 实验室合作的作品，使用 SMA控制毡制服装的开口和活动。许多设计师发现，SMA 在一个方向上效果很好，但是它们没有足够的力量对抗厚重织物，因此在一个方向上运动得很好，在另一个方向上却不行。

图 3.61
"安利昂"（Enleon）是"天蝎座"（Skorpions）系列的一部分，是一种使用镍钛形状记忆合金缓慢移动的雕塑服装。因为它是预先编程的，所以它不"智能"，对外部刺激没有反应。
迪·迈恩斯通，乔安娜·贝尔佐夫斯卡。

电活性聚合物 (EAPs) 也适合运动。它们比 SMA 更轻、更快，运动范围更广（高达 300%），只需要少量的动力。EAP 对电压有反应，而 SMA 对热有反应。其他的运动执行器包括气动系统（如梅特·拉姆斯加德·汤姆森的针织结构）和压电或陶瓷材料。

这件被称为"隐藏"的外套是于 2007 年由海·蒂(High Tea) 和吴女士（Mrs. Woo ）（图 3.63）创作的，它由棉花、丝绸、聚酯纤维、导电线和防撕裂尼龙、镍铬合金、铜镀 PVC、连接线和镍氢可充电电池构成。当手放在口袋里时，装饰袖口与口袋衬里接触，外套加热的元件被激活。

汉娜·兰丁（Hannah Landin ）、琳达·沃尔彬、芭芭拉·詹森（Barbara Jansen ）和林内亚·尼尔森等研究人员提出了处理色彩变化和动态图案的设计方法。他们已经开发了在纸和印刷品之间的工作方式，用热敏色油墨在缝合的导电线迹中加热电阻。在图 3.64 中，可以看到沿织物边缘放置的金属索环，这些金属索环上的缝合导电线可以与电流连接，从而产生热量。

您也可以使用金属油墨作为加热元件，油墨可以通过丝网印刷得到良好、均匀的涂层——推荐阅读中列出了苏黎世联邦理工学院的教程。

热变色油墨在不同温度范围内发生反应：冷（在 15℃ /59 ℉下为透明色）；触摸激活的热致变色（在 31℃ /88 ℉下为透明色）；触摸激活的液晶油墨（在 25 ~ 30℃ /77 ~ 86 ℉之间，摩擦后可见光谱内的

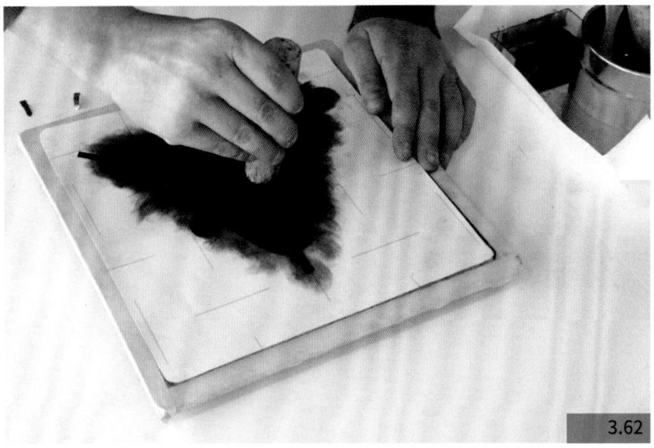

3.63

图 3.62
电活性聚合物的制备。EAP 在施加电压时形状会改变；在克雷泽（Kretzer）的"形状变化"（ShapeShift）工程中，随着电压的变化，EAP 层会变厚变平，拉住柔性框架，并产生大的运动。图像来自车间。
曼努埃尔·克雷泽（Manuel Kretzer）。

图 3.63
"隐藏"的外套。当袖口上的导电刺绣接触到口袋内的触点时，一个电路就完成了，那里的电阻产生暖流。
海·蒂与吴女士。

3.62

颜色变化为黑色→红色→绿色→蓝色）；高温（颜色在 47℃ /117 ℉下清晰可见）。如果购买浆料，可能需要黏合剂，这就给了您进一步混合颜色的机会。

除了这些输出模式之外，许多应用需要原始数据或滤波量化数据作为输出值，这些输出值可以表示高性能，或者可视化为图表、统计数据等。人们最熟悉的是文本输出，它很容易被遗忘，也可以非常诗意，就像卡米尔·厄特巴克（Camille Utterback）的作品《文本雨》（Text Rain）（1999 年）那样。最后，您可以利用在线数据集来驱动交互，比如娜塔莉·杰里米金科（Natalie Jeremijenko）的作品《活线》（Live Wire）（1995），或者作为输出端对织物传感器做出响应，比如海兹尔·怀特（Hazel White）的作品"哈米法尔箱"（Hamefarers' Kist）（2010）。在这个项目中，海兹尔将针织靠垫上的 RFID 标签与 Flickr（一个图片分享网站）数据集连接起来，使世界其他地区的老年亲属与他们的家人建立了联系。

关键问题

和输入一样，当我们为输出端进行设计时，您需要记住一系列问题，这些问题既具有技术性、社会性、经验性，还有政治含义。可以通过在第二章中讨论的交互设计和服务设计过程来探索这些问题。

— 输出发生在哪里？
— 什么时候发生的？
— 它清晰明了吗？可识别性如何？
— 谁看见它了？

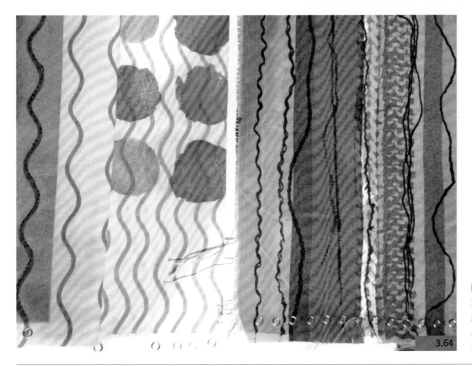

图 3.64
琳达·沃尔彬热变色印刷车间。用不同的热反应油墨过度印刷后，可以看到导电缝合线。

3.64

模糊形式→缝合电路→磁开关→LED 输出→情感输出

"拥抱"（HUG）是一个由爱丁堡市议会委托为 2007 年 Access All Areas 的"游览银河"项目而制作的。这个概念的目的似乎是通过软开关、录制声音和振动来恢复人类拥抱的情感。参观者对展览的反馈是非常积极的，看起来非常简单的互动都能激起每个人内心的强烈情感。

除此之外，HUG 还展示了为实现一个积极有效的纺织品项目，需要多少决策。下面的每一步都给您提供了一个带有 LED 输出 HUG 的说明，但也要求您设定备选方案。图 3.65 显示了三个不同款式的球：粉红色的球是从马里米科（Marimekko）购买的；紫色皮毛的是为 Access All Areas 制作的，并包含振动反馈；而设计师正用带图案的球开发带 LED 输出的"软物"（Soft Things）互联网项目。它们三个大小都和足球差不多。

要制作直径 25cm 的 HUG，需要准备：

· 结实的棉斜纹布（外部使用）；
· 印花棉布或类似物（内部使用）；
· 填充织物或泡沫；
· 拉链：1 条 28cm 细齿拉链和 1 条 80cm 大齿拉链；
· 8 个可缝合在表面的 LED 灯，都要安装了电阻器（如 Lilypad 系列）；
· 填充物：模塑发泡聚苯乙烯（小的泡沫微球）、记忆泡沫、木棉等；
· 磁性开关和磁铁；
· 3V 纽扣电池和电池底座；
· 导电纱线（3 或 4 股的纱线更容易进行手工缝制）；
· 针、穿针器、刺绣剪刀；
· 缝纫机；
· 缝纫用划粉；
· 织物剪切机；
· 大头针。

3.65

图 3.65
不同款式的 HUG 球。

步骤1：形式

要做一个球出来，先按照图 3.65a 显示的图案裁切出块状面料。用强力的浅色棉斜纹织物做表料，用花布做里料。

用粉笔在织物上作记号。使用织物剪刀，剪下六块表料和里料，再加上圆形底座。圆直径为 15cm，包括两侧的缝份，而较长的那块面料的最长端边缘距离中心 31cm，这个尺寸也包括两个缝份。

设计决策：

— 探索创建相同形状的其他方法。看看玩具和家具中的现有示例。尝试以不同的方式将球形对象分解开来。

— 探索其他三维形式。枕头比球简单得多，可以嵌入电子元件，而且把规格放大时不会发生结构上的错误。思考一下这个问题：当我们改变了物体的形状，身体与它的交互作用会发生怎样的变化呢？

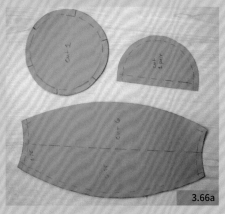

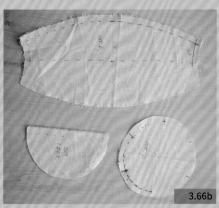

图 3.66a
纸板纸样。

图 3.66b
将印花棉布按照纸样裁剪。

步骤2：输出

按照这里所示的模式，在一个面板上缝合 8 个具有 LED 的并联电路。并联电路就像一个梯子，由 LED 组成的水平梯形。纱线不会穿到 LED 板的背面。确保所有的 LED 都以相同的方向排列，例如，所有的"＋"都是向右的。因为此处的 LED 是绿色的，所以这一块被标为"G"（G 代表 green，绿色）。

设计决策：

— 改变 LED 的布局，并用鳄鱼夹测试新的电路。

— 思考 LED 的数量。电路能装载多少个 LED？完成项目后，考虑如何在每一面上都用 LED 创建一个 HUG。

图 3.67
有 8 个 LED 的并联电路。

步骤3：输入

在间隔织物上剪一个圆，用棉斜纹布打底，将磁铁放在中心，有规律地隔一段缝一针，缝合所有层。

制作内球：把拉链缝到两个面上。留下1cm 的缝份，然后将右侧缝在一起，完成内球。将右侧翻转并测试拉链。

完成电路：按照所示布局，将电池底座和磁性开关缝合到内球顶面。确保电池底座正极一端与 LED 灯的"+"侧对应，缝合连接。开关可以是双向的（它没有极性）。记住，要在开关的两侧开始和完成缝合的导电纱线，不要继续在它的背面缝合。

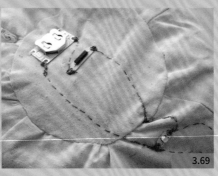

图 3.68
有磁铁缝入间隔织物的内顶面。

图 3.69
显示电路布局的内球外顶面。

插入电池（＋侧朝上）。用磁铁靠近来测试磁性开关，靠近时您的 LED 灯应该亮起来。如果没有，请查看后文中的故障排除提示。填充内球。

制作外球：首先放入拉链，然后继续将右侧连接在一起。

放入内球，确保顶面上的磁铁与内球上的开关对齐。测试激活开关所需的交互动作。如果 LED 灯太容易发光，可能需要在面料层之间添加一个泡沫环。

图 3.70a
磁铁远离内球开关——
LED 灯关闭。

图 3.70b
磁铁接近内球开关——
LED 灯打开。

3.71a

3.71b

图 3.71a
如果磁铁开关一直开着，
就加一个泡沫环。

图 3.71b
放入内球。

设计决策：

— 可以用软开关或倾斜开关来代替磁性
开关。考虑不同的开关选择会给球和
电路结构带来怎样的影响。

— 尝试不同的填充物并测试激活开关所
需的交互变化。

故障排除

如果 LED 灯根本不亮，断断续续的，或
者在开关激活之前一直亮着，请检查以下
事项：

— 所有的 LED 灯都应该是相同的方向，
即所有的正极都在同一侧。

— 将 LED 灯的正极与电池夹正极相连
接，负极与负极相连接。

— 纱线应通过部件孔缝合好几次，以便
形成良好的电连接。

— 线的末端应保持整洁，不能松散，任
何地方都不应该有杂散的纤维。

— 组件后面不应缝合导电纱，否则电流
会绕过组件。

— 电池应该是新的，正确放置电池方向
（ + 标记在底座的一面上 ）。

— 开关应该在电池和 LED 灯之间。
如果 LED 灯看起来暗淡，可以在黑暗
的房间里试试！

记住，可以用鳄鱼夹和万用表来检查电路
的各个部分。

3.72

图 3.72
互动手势——挤压激活开
关。

复杂程度：什么时候需要微处理器？

当一个简单的 ON/OFF 开关失去了使其打开的动力时，就要考虑在项目中使用处理器了。正如我们在第一章中所讨论的，"智能"一词有不同的定义，但是，如果您想控制某件事发生的次数、指定它将发生的时间，或者触发一系列事件自由运行的话，就需要引入一些电子设备和程序语言。

确定每一个项目的主要目标，并且思考真正需要的是什么。您需要 20 个闪亮的 LED 灯来探索人类的参与性吗？您甚至不需要电池就能完成了。

假设您确实有 20 个 LED 灯，当有人经过时，希望它们以某种模式亮起，那您可以安装 20 个独立的电路，每个都有一个纺织传感器（装在墙上？），这样，当一个人从某个纺织传感器旁经过时，那个电路就会关闭，从而依次打开每个灯，在这种情况下，我们不需要处理器来实现这一点。但是如果您想让某一个接触来触发一种运行模式，比如运行 5min 然后停止，那就需要一个处理器了。

图 3.73
Oomlaut Arduino 工具包；
这些工具包包括说明手册，
并包含在一个有用的组件框
中。
乔纳森·桑德森
（Jonathan Sanderson）。

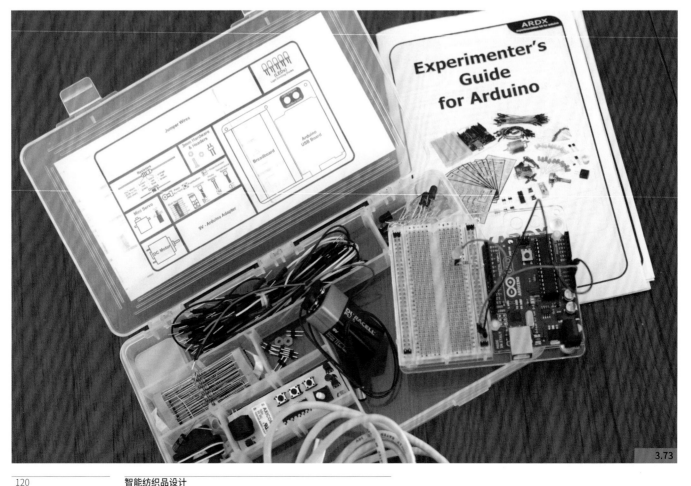

这些决策又让我们回到交互设计过程，不论是以用户为中心的设计过程，还是服务设计过程，我们都要决定最终实现的目标，以及如何在技术上做到最好。如果这不符合您的常规设计过程，例如，您喜欢用材料制作一些美丽的东西，并以此为最终目的，那么为了作品本身而将光能作为输出手段，也是一种同样有用的工作方式。您会需要一个处理器。因为到最后，虽然 ON 和 OFF 只给了我们一个系统中的两个状态，但有时我们发现两者之间的状态更有趣：比如我们可以使输出的光线变暗、变亮，或者用力地按下开关，目的是产生更大的声音。为了测量这些类似行为之间的差异，需要一个处理器。

我们可以用一些工具包快速行动起来，有简单的、有趣的儿童产品（如第 57 页所示的埃莱娜·科切罗的 Loopin），也有更灵活的零件和材料集合。简单的工具包可以用于实践软性产品的基本构造技术，它们通常包括一些导电织物（在 Loopin 的例子中，耳朵是导电毡）。Oomlaut 公司的 LilyPad 和 Arduino 套件有一定的优势，当然，这和您的专业水平密切相关。Oomlaut 的产品特别有用，因为其组件组织良好，并附有教程小册子。

专家们还可以进一步提高复杂性，比如在移动雕塑中使用单独的电机驱动处理器，让 MIDI 采样器处理声音装置中的音乐播放，或者让服务器处理联网项目中的互联网连接。虽涉及多个处理器，但它们之间没有太多通信的处理技术，被称为并行处理。

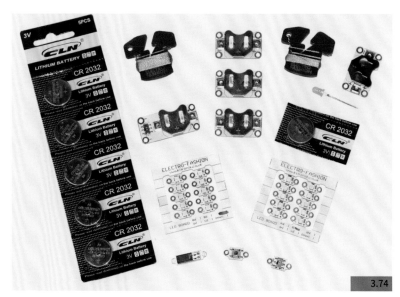

图 3.74
基诺·尼克工具包。基诺·尼克为英国的设计和技术教师提供材料。凯文·斯皮尔（Kevin Spurr）。

3.74

使用微处理器

在本节中，您将使用已广泛应用的 Arduino 处理器编第一个电路程序。把您缝合电路的实际知识转移到一块电路板上，开始探索处理器的表达可能。

最终，您会有一个概念上的理解和实践经验，这让您有信心进行深入探索。

图 3.75 显示了当您用 Arduino 制作一块电路板时的基本设置，主要有三个组件：电路板、Arduino 处理器和运行 Arduino 编程环境的笔记本电脑。

1. 在电路板上，可以将 LED 灯、电线、电阻、开关等组件物理地组合在一起，以构建一个正常工作的电路。

2. 将 Arduino 编程环境下载到电脑上（它是免费的），这是您设计电路逻辑的地方。

3. Arduino 处理器位于这两个之间：火线电缆和您的笔记本电脑。当您用导线将传感器连接到输入端，将输出端连接到执行器时，电路板便连接到 Arduino 处理器。当处理器和您的笔记本电脑连接时，将由笔记本电脑提供所有的电源，所以要插上电源。当项目完成时，Arduino 板上存储的代码将成为系统的一部分（这就是 LilyPad 和 Flora 格式有用的原因）。

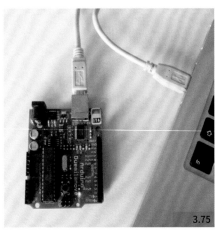

图 3.75
使用 USB 2.0 电缆将板连接到 USB 端口（适用于 Arduino Uno、Arduino Mega 2560）。

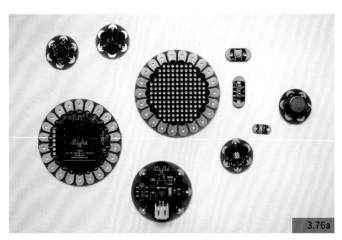

图 3.76a
一系列 LilyPad 板和组件，包括主板、蜂鸣器、光传感器、加速度计、按钮板、LED 灯（带电阻器）、三色 LED 灯、滑动开关、原板和用于 5V 锂聚合物电池充电的锂离子电池板。

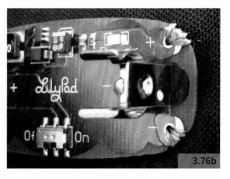

图 3.76b
良好的缝合连接。这个 AAA 电池底座已用导电纱线缝合到织物上。您可以看到孔周围的金属与纱线有很好的接触，这对于一个坚固的电路来说是至关重要的。
利亚·布切利。

LilyPad 和 Flora 板与标准的矩形 Arduino 板基本相同，它们的设计目标是：即便立刻将项目从工作台转移到身体上，也不会对身体造成太大的干扰。所有部件都设计了钻孔，以便在织物上缝合，这些孔周围都有金属触点，以便可以简单地用导电线将其缝合成电路。记住，通过这些额外的缝线来产生可靠的电接触。

与 Arduino 平台合作的关键步骤是：

1. 下载适当的 Arduino 应用程序到您的电脑。

2. 检查您所拥有的 Arduino 板的版本（例如，Uno、Duemilanove）。

3. 使用 USB 接口将板连接到电脑；板上的插座呈一个高的 D 形。

4. 打开 Arduino 编程环境，工具菜单下勾选正确的板型。

5. 确保端口选择的正确性，必要时下载驱动程序。

6. 把电路放在电路板上。

7. 对电路进行编程；每当您上传一个编辑过的或新程序到板上时，它会覆盖之前的所有内容；即使您从电脑上删除电路板，这个程序也会留在板里。

8. 如果进展顺利，把原型电路转移到织物上，然后连接 Arduino，不用管电脑。

9. 增加电池电量，电脑就可以关机了！

如果这其中的一部分对您来说不好理解，请不要担心。可以先了解一些定义，当您解决了如何操作的问题，您就会有信心在试验电路板和织物之间进行转换，从而看到到处闪烁着光的 LED 灯。

Arduino 板的任一侧都有插脚，用于从传感器输入数据，并将指令输出到执行器（如 LED 灯）。根据您拥有的板，其中一些插脚专用于输入或输出，有些插脚会告知它们将在您的程序中扮演什么角色。

程序是在屏幕上的窗口中编写的，每一个短程序被称

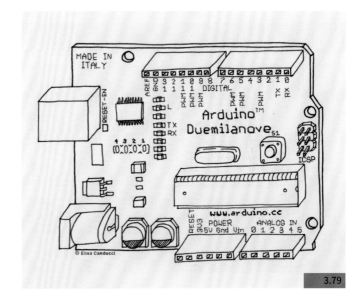

图 3.79
Arduino 板图；电缆连接器在左侧，沿顶部边缘编了号码的数字引脚，可以为输入或输出进行编程，底部右侧边缘的引脚是用来模拟输入（如传感器）的，左侧的引脚则用于电源和接地。引脚就是板上插入连接线的孔。经埃利萨·坎杜奇（Elisa Canducci）许可。

图 3.77
在 Arduino 编程环境中选择板块。进入"工具"菜单，找到"选择您正在使用的"板块。利亚·布切利。

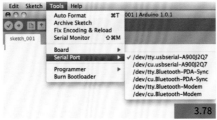

图 3.78
在 Arduino 编程环境中的后期选择。转到"工具"菜单并选择"串行端口"（这很可能是 /dev/tty 选项）。利亚·布切利。

为一个"草图"。可以编写一个程序并给它加注释，以便提醒自己每一个比特（Bit）的作用（当其他人这样做，您也使用了他们的代码时，您就会感受到它的价值）——我们使用"/ /"用灰色来显示并不属于活动程序的注释。要测试程序，请点击验证按钮。如果底部对话框有很多红色文本，则需要检查程序，然后再试一次。当程序没有问题时，点击上传，把它加载到板上。

在 Arduino 编程环境中有很多程序等待您使用，所以不需要在开始之前了解所有内容。例如，可以通过"文件→实例→基础→闪烁"完成第一个草图作品"LED 灯闪烁"。只要确保电路板上的发光二极管连接和 Arduino 板的引脚正确连接，不需要任何编程技能。

但是，最好对正在发生的事情有一些了解，网上也有很多在线教程。在图 3.82 中，利亚·布切利注释了一个草图，说明每个部分在做什么。程序的基本组成部分是结构（控制语句、循环等）、值（变量）和函数（如使事情发生的动词）。要干扰闪烁的 LED 灯计时时，请更改此行中的数值（数字）：

延迟（1000）；

试着把它变成一个小得多，或大得多的数字。换另一条延迟线。观察闪烁模式的变化——刚才您更改了系统在运行下一行代码之前等待的毫秒数。

图 3.80
Arduino 草图环境显示验证（左边的嘀嗒符号）和加载（水平箭头）命令。页面符号意味着新的程序或草图，上箭头代表上传，下箭头代表保存。

图 3.81
Arduino 草图环境查找现有程序；转到"文件"菜单并选择"示例"以查找示例程序库。

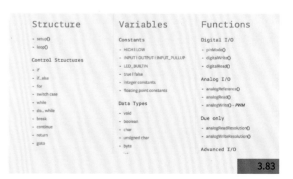

图 3.82
Arduino 草图环境注释程序。可以向程序添加注释，以帮助您记住或解释它正在做什么。使用"//"用灰色来显示注释文字，以便系统知道它们不是代码的一部分。

图 3.83
Arduino 草图环境程序结构，包括控制语句、函数和变量。

练习十一：
您的第一个使用 LyiPad Arduino LED 的电路

您将需要：

— 运行 Arduino 的电脑。

— LilyPad 主板。

— FTDI 主板。

— 标准迷你 USB 电缆。

— LilyPad LED 灯。

— 一把鳄鱼夹。

— 电池底座和电池（如果使用 LilyPad 底座，电池电压为 3V 或 1.5V）。

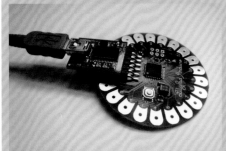

3.84a

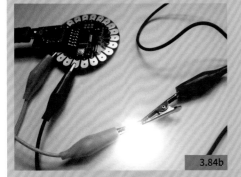

3.84b

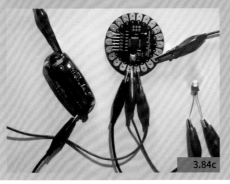

3.84c

现在开始对 LED 灯进行编程（图 3.84b）：

1. 使用红色鳄鱼夹将电阻器连接到 LED 灯的正极接头上。

2. 用另一个红色夹子将电阻器的另一端连接到 LilyPad Arduino 上的正极（其中一个花瓣）（颜色只是一种惯例，红色表示正极，黑色或绿色表示负极）。每个花瓣都是一个在程序中被编号的"引脚"（PIN）。在 2 ~ 13 之间选择一个数字，给数字输出引脚编号。

3. 将 LED 灯的（接地）脚连接到 LilyPad 上的（地）引脚。

4. 为了使 LED 灯闪烁起来，回到 Arduino 环境中的闪烁草图（程序），并修改草图，以便将您连接到 LED 灯的引脚号码以数字输出的方式进行设置（在"PIMMODE""DigialWrand"中），参见图 3.85。程序中的延迟是毫秒级的，您也可以尝试改变这些值。

图 3.84a
用 LilyPad 对第一电路进行原型化：与 FTDI 板连接。

图 3.84b
用 LilyPad 对第一个电路进行原型化：点亮电路板外的 LED 灯。

图 3.84c
用 LilyPad 对第一电路进行原型化：连接到电源。

5. 将程序上传到 LilyPad 板上。可能需要按下板上的重置小按钮，以便它准备好接收另一个程序。不同的电路板和电脑特性不同，Adafruit 可以帮助大家对这类问题进行更多的讨论（参见推荐阅读）。

6. 要把您的电路从笔记本电脑上断开，用电池替换 FTDI 板和 USB 电缆。再次使用鳄鱼夹，将电池支架的正电极连接到 LilyPad 上的 + 销上（在销 5 的上方），将负电极连接到接地（-）引脚（图 3.84c 显示出接地引脚共享的方式）。

图 3.84 显示的是一个 1.5V 的 AAA 电池，被装在一个带板载开关的 LilyPad 支架上。您也可以尝试使用带有 3V 电池的 Kitronik Coincell 支架；您可能会注意到 LilyPad 电源使 LED 灯更亮，这是因为电路板将电池提供的 1.5V 转化为 5V 输出。图 3.84c 显示了正在使用的标准 LED 灯；运用这些材料时，请确保正极引脚连接到较长的正极引脚上，接地引脚连接到较短的负极引脚上。

现在这个程序很简单，这是因为 LED 灯是集成在电路板上的。下一阶段是对纺织品采用 LilyPad。请参阅之后的在线教程，并尝试利亚·布切利的集成项目。

```
● ○ ○              gettingStartedLilypad | Arduino 1.0.5

⊘ →  🖹 ⬆ ⬇                                              ⚲

  gettingStartedLilypad                                    ▼

/*
  INtro to the Lilypad

This basic Arduino example blainks an LED connected to pin 2.
Modified from teh original Arduino blink example.

 */


void setup()                 //run once, when the sketch starts
{
  pinMode(led, OUTPUT);     //sets the digital pin as output
}


void loop()                  //run over and over again
{
  digitalWrite(2, HIGH);    // turn the LED on (HIGH is the voltage level)
  delay(1000);              // wait for a second
  digitalWrite(2, LOW);     // turn the LED off by making the voltage LOW
  delay(1000);              // wait for a second
}
```

3.85

图 3.85
在 LilyPad 上编程。

练习十二：
综合实践项目

为了将您的所有技能综合在一起，请按照利亚·布切利的在线教程制作一件骑行夹克，它可以提示后面的司机穿着者即将转向哪个方向。访问布切利的项目说明：http://web.media.mit.edu/~leah/LilyPad/build/turn_signal_jacket.html。

3.86

图 3.86
骑行时穿着的"自行车转向信号夹克"，每个手腕下方的按钮可以告诉系统您打算转向哪个方向，然后打开夹克背面相应的LED灯组。在夜间模式下，所有LED灯都会闪烁。布切利的教程包括缝纫、电路设计、欧姆定律和最后完成的所有技巧，因此这件衣服很结实。她还提供了完整的代码，供您复制并粘贴到您自己的Arduino草图中。
利亚·布切利。

3

项目三：
它并不重（包）

整体熟悉→普通纺织可变电阻器→微处理器→红绿灯 LED 输出信号功能。

目标是做一个可以手提的包，当您把它塞满的时候，把手能够感觉到并给予提示。

本项目的步骤是：

1. 用钩针编织传感器。
2. 毡合传感器。
3. 设计电路原型并编码。
4. 为袋子设计物理电路。

每一步都列出了所需的工具和材料，可以提前阅读，以便提前获得需要的东西。

初学者所需时间大概包括：

· 钩针（包括学习中产生的错误）：
  两天 4 小时。
· 制毯：1 小时完成，干透需 24 小时。
· 电子：输入引脚和代码，需 1 小时。
· 电子：输出引脚和代码，需 1 小时。
· 转成物理电路，需 4 小时。

3.87

图 3.87
制作完成的包袋。

步骤1:用钩针编织传感器

第一步是制作装有拉伸传感器的手提包手柄。图3.93a和图3.93b是一根由羊毛、弹力线和导电纱线编织而成的管状体。它的电阻在静止时为66.3Ω。拉伸时阻力会下降,输出端代码就可以靠这个变化来触发,表明袋子太重了。您也可以选择输出一个由灯组成的图案或一声警鸣。

这项工程借鉴了劳拉·格兰特的钩编作品和钩编大师在油管网站上的帖子——"轮钩针"。如果您以前没有钩编经验,就要做好犯错误的思想准备,多试几次,钩编大师的帖子是非常有帮助的。

您将需要:

— 5mm规格的钩针。

— 美利奴羊毛纱——美利奴羊毛成分越多越好(我试过不止一种)。

— 导电线——我用的是四股钢丝线。

— 弹力线——装饰性的或是普通松紧带。

— 绣花剪刀。

— 万用表。

— 鳄鱼夹。

— 寿司垫。

— 毛巾。

— 水槽和一盆冷水。

— 一杯温水。

— 液体皂。

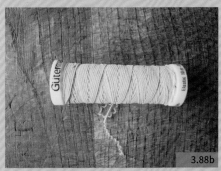

图3.88a
羊毛纱线的选择。

图3.88b
弹性衬里。

图3.88c
四股钢导电纱。

把三种纱线——羊毛纱、导电线和弹性线拧成一股,打一个活结,把它滑到钩针上。

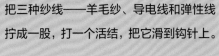

图3.89a
把三根纱线编成一条线。

图3.89b
打活结。

图3.89c
钩针上的活结。

钩四个辫子针。

3.90a

3.90b

3.90c

图 3.90a
钩四个辫子针。

图 3.90b
滑针连接末端。

图 3.90c
建立针织管的长度。

钩子完成最后一针时，正好在最下面的一股纱线上面。用钩子把纱线从刚刚钩完的辫子圈里面钩出来，这样钩子上就有了两个线圈。现在，再次钩住纱线，把纱线依次从新的线圈和钩子上原有的线圈中间钩出来，最后会在钩子上留下一个圈。这是一个单钩（SC，即两针并一针）。

现在需要增加针数，这个方法很有用，因为它不会在作品的中心留下一个洞。

用同样的针法把钩子向前穿。这次也同样需要用到单钩。这意味着每一针都要完成两个单一的钩针。对于剩下的三针（孔）也要这样做，也就是说，每一次钩针都要钩两次。

最后，在作品的另一端做一个平针，把两端连接起来。要制作平针，只需将纱线穿过现有的两个线圈即可。

如果您是钩针新手，可以先用单根纱线练习，纱线团上的标签会说明适合用哪一个钩子型号。这将有助于您对钩针结构的节奏和逻辑有一个初步印象。

"单钩"（SC）：纱线越过（YO），拉过去，在钩上创建两个线圈；通过两个线圈，只在钩子上留下一个线圈。

如果觉得越来越难，可以试着先学习钩针大师的教程。她教我一种不同的操作方法，能告诉我不断重做刚才的钩针编织前到底发生了什么。

数一数组成圆形的针脚，找出围绕边缘并连接在一起的 V 字形针脚。每次钩时，都要把针穿过一个水平 V 形针脚，当我们依次穿过每一个 V 形针脚，管子就会变长。

为了保证每圈六针，每次都要对 V 字形进行计数。将钩子插入水平 V 字形下方。如果您把同一针缝两次，或者跳过一针，管壁的形状就会改变。如果要打开管壁（使形状扁平一些），可能会在同一针脚上多次使用单钩针。如果要缩小管壁，就减少单钩针数，比如一次钩三针（我们将用这种方法来完成这个作品）。我的第一次钩针作品是蓝色的，很长，形状也不太均匀。这就是本书中一些图像上的管状把手是黄色的原因。

继续，管子钩到约 18cm 长就够了。记住，您将用寿司垫将传感器包起来，所以不要把管子弄得太长，它要比寿司垫短些。

通过减少单钩针数来收尾，但是要把新的线圈留在钩子上。下一针也同样是单钩针，穿过后留下一个线圈，再重复两次后闭合线管。最后，将纱线剪断并完全拉出。

在进行后一个步骤之前，先用万用表测量一下传感器的电阻。使用鳄鱼夹，将正电极和负电极连接到钩针的两端，以确保它们与导电纱线接触。将万用表切换到最低电阻带（在这个作品上，低于 200Ω）。

当"管子"被拉伸时，电阻会减小；当它松弛时，电阻会慢慢地恢复到原来的读数。静止时，这个作品将稳定在 66Ω 左右，当伸展到 30cm 时下降到 27Ω 左右。

请注意，拉伸时应避免用手触摸织物，因为身体就像一个大电容，会显著影响电阻。应该拿着绝缘的鳄鱼夹小心地拉伸它。

几分钟后，该片的电阻恢复到约 50Ω，比拉伸前低。如果保持静止不动，电阻会继续缓慢上升，但不会超过 60Ω，因为还没有完全恢复到之前的物理静止状态。

由于涉及针数和连接的数量（针织拉伸传感器的情况更是如此），这种恢复往往不完整也不可靠。因此短窄的传感器比长或宽的传感器更可靠。在编程中，可以通过将值设置为输出触发器（或通过构建自学习算法）来处理其中的一些行为。物理状态恢复后，您想要得到的可靠数值也可以在下一个制毡过程中得到帮助，这就是我们现在马上就要做的。

图 3.91
钩针编织管即将完成。

图 3.92a
第一步，减少钩针。

图 3.92b
第二步，减少钩针。

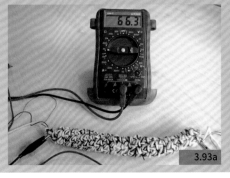

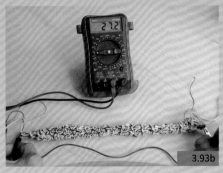

图 3.93a
测量静态时的电阻值。

图 3.93b
测量拉伸时的电阻值。

使用微处理器　　　131

步骤2:毡合传感器

您将需要:

· 带有公母头的 D-sub 接口线。
· 孔径大的尖针和穿针器。
· 扁头的首饰钳。
· 热缩管。
· 热熔枪。

3.94a

3.94b

3.94c

把毛巾放在桌子或长凳上,上面放上寿司垫。准备一小碗热水,加入几滴肥皂液,再加上一小碗冷水。为接下来的一小时工作做好准备。

把钩编的作品浸入热肥皂水中。挤出多余的水,放在垫子上。现在把它卷起来,往下压,大约 200 次。然后将钩编的作品浸入冷水中,刺激纤维使它们更快收缩。再次挤出多余的水,用手揉搓 75 次。

根据劳拉·格兰特的说法,这个过程至少要重复 7 次(她的实践都是关于电子毛毡接口的),最后她的作品缩小了 2cm。我们现在的这件作品用的是黄色美利奴羊毛线,如果真有缩水的话,也不会缩水那么厉害,但羊毛确实会缩水,而且它的形状也收紧了。

图 3.94a
毡用材料。

图 3.94b
浸泡在温肥皂水中的传感器。

图 3.94c
缩短的钩编管。

让钩编作品在空气中干燥(至少 24h)。

彻底干燥后,这种毡合传感器在静止状态下的读数约为 25Ω,拉伸时读数为 15Ω。

正如劳拉·格兰特所建议的,您也可以在织物作品的末端添加导线头。现在通过网站可以找到这些组件,这种带公母头的 D-sub 接口线对于织物组件的完成非常有用。电线两端连接的是一块电路板,这样就可以用 Arduino 设计您的电路和原型。

3.95

图 3.95
毡合后测试电阻。

现在要用公头引针来完成作品，并将羊毛纱线与弹性纱线及导电纱线分开。修剪羊毛纱线，两头的末端可以保持松散的状态。如果松散的末端是从侧面而不是从尖端出来的，只需将这些线用针重新拉到末端即可。在毡合物附近打一个小结，把两条纱线放在公头针的开口卷边上。这很繁琐，但是这个结可以防止纱线滑回。

用扁嘴钳将接口的针腿紧紧地扣在纱线上。

把纱线放回原位，将一小片热缩管滑到针顶上，使其覆盖纱线和针腿。在热熔枪的喷嘴前保持几秒钟，管子会收缩到原来直径的三分之一，这时，刚才做的接口被很好地保护了起来。警告！热熔枪的喷嘴和周围的空气都很热，不要触碰！

等到喷管冷却，就可以把松散在热缩管外面的线剪断了。

3.97a

3.96a

3.97b

3.96b

3.97c

图 3.96a
D 形接头连接器，公头和母头。

图 3.97a
将导电线和弹性纱线置于 D 形接头的扣嘴中。

图 3.96b
珠宝设计师用的钳子。

图 3.97b
加热热缩管。

图 3.96c
热熔枪和热缩管。

图 3.97c
热缩管收缩了。

图 3.97d
准备修剪的纱线。

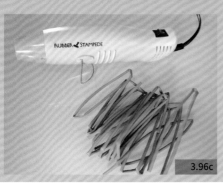

3.96c

3.97d

步骤3：电路原型和编码

您将需要：

— 运行 Arduino 编程环境的笔记本电脑。

— 万用表。

— 15Ω 或 20Ω 低阻抗电阻器（不包括在下面的套件中）。

— Arduino 启动套件或类似物，包括：

  — Arduino 电路板；

  — 电路试验板；

  — USB 线；

  — 供选择的电阻器；

  — 跳线；

  — LED 灯；

  — 一些鳄鱼夹。

从拉伸传感器读取变化的电压。

力传感器、弯曲传感器和拉伸传感器都是可变电阻器。为了将可变电阻器与微控制器（例如 Arduino）连接，需要一个分压电路。这并不复杂，而且对很多项目都非常有用。

首先，测量钩针传感器的电阻：这个传感器在静止状态下的电阻为 21~21.5Ω。然后，找到一个接近这个值的电阻：您可以学习读取电阻上的色码，也可以用万用表测试。如果测试出的数值显示为1，可以将刻度盘切换到一个更高的波段值：这台万用表有 100s、1000s、千欧和兆欧。如果在 20K 波段，电阻读数为 9.93，则电阻为 10kΩ。

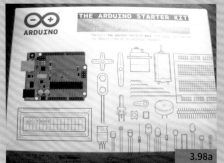

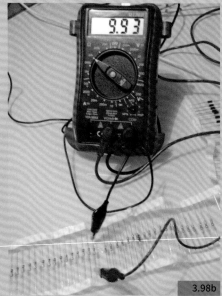

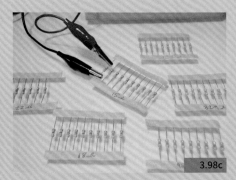

图 3.98a
Arduino 启动套件。

图 3.98b
检查电阻值。

图 3.98c
把您的电阻器组装起来。

事实上，20Ω 左右是非常低的。如果您有如图所示的 Arduino 工具包，里面不会包含足够低的电阻。您可以买一大袋混合电阻，比如如图所示的这些电阻，对它们进行测量，并在上面做标记，以备以后使用。

要创建分压器电路。请将自定义传感器与电阻大致相同的（标准）电阻串联，电阻单位为欧姆。带 Arduino 的 Flex 和光传感器教程显示了相同的输出引脚。请按以下步骤操作：

1. 使用鳄鱼夹和跳线，将自定义传感器的一端连接到 Arduino 板模拟侧的接地处（GND）。

2. 将标准电阻放在电路板上，使其连接电路板内的导电条（在当前案例中，两者是垂直连接的）；这意味着电流必须流过电路板。

3. 将跳线从标准电阻器的一端连接到 Arduino 上的模拟引脚 A0 上。

4. 将另一根跳线从 5V 引脚连接到另一端的标准电阻器上。

5. 将标准电阻器的同一端连接到上一个步骤中做好的可拉伸毡合电阻器上。

3.100a

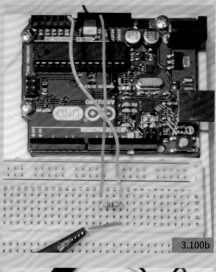

3.100b

3.100c

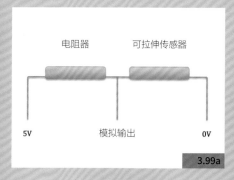

电阻器　　　可拉伸传感器

5V　　　　模拟输出　　　　0V

3.99a

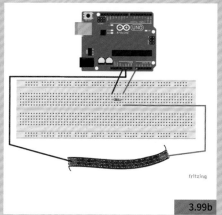

fritzing

3.99b

图 3.99a
分压器电路原理图。

图 3.99b
带有织物拉伸传感器的分压器电路的熔接式输出引脚。

图 3.100a
放置电阻器。

图 3.100b
GND 和 A0 引脚。

图 3.100c
鳄鱼夹连接传感器。

编码：

- 一在 Arduino 中，打开文件→示例→基础→读取电压。
- 一连接您的电路板并上传文件。
- 一在"工具"菜单中，单击"串行监视器"。
- 一拉伸和收缩织物传感器，观察数值的变化。

当我像正常人拿一个袋子的把手那样拿着这个钩针编织的传感器时，它的电压大约为 2.46V，当我拉伸两端来模拟重量时，电压变为 2.16V 左右。电压总是在 0 ~ 5V 之间。

下一个程序允许您创建一些有意义的输出。

它读取直接进入引脚 A0 的数值，这些数值在 0 ~ 1023 之间。您可能希望通过在传感器的末端悬挂重物来更精确地模拟交互原型，但是代码中的数值可以在工作中随时调整。

注意：您可能会发现钩针传感器的末端是一个弱点。如果丝线从 D 形接头的扣嘴中被拔出，或者看上去可能会断裂，可以尝试使用从珠宝店购买的珠帽。在下一步中可以看到有关收尾工作的更多详细信息。

调整板上的插脚：

- 将 5V 和 GND（接地）跳线分别插入标有 + 和 - 的垂直轨道顶部，使其与整块电路板共用。
- 添加三个 LED 灯，如图 3.101 所示，用一个 220Ω 的电阻把每个 LED 灯的短脚连接到（负极）电路板的接地轨。
- 在这种情况下，每个 LED 灯还需要一根正极引线插入 Arduino 板上的数字引脚，即引脚 7、8 和 9。
- 在公共接地轨的底部增加一根开口的跳线，以便连接拉伸传感器。
- 在拉伸传感器电阻和公共电压轨之间增加跳线。

3.101a

3.101b

图 3.101a & b
红绿灯板引脚细节。

现在将代码复制粘贴到您的 Arduino 草图中。

在线资料链接：
www.bloomsbury.com/kettley-smarttextiles。

编译并上传到板上。您可以通过调整数值来适应所制作的传感器。由于传感器上的拉力增加，您现在应该有三个 LED。

图 3.101c
Arduino 草图将模拟输入数值读取到引脚 0，并滚动输出值。

关键问题

试着用一条导电的毛线代替您的钩针式传感器。发生了什么？为什么？考虑到传感器行为的这种差异，您需要对代码做什么改动呢？（小贴士：想想数学论证方法。）

步骤4：为袋子设计物理电路

您将需要：

· 现成的袋子。

· 与包袋相配的布料或做衬里的印花布。

· 中型烫衬。

· 按扣。

· 工艺铁。

· LilyPad Arduino 和 FTDI 板（可选）。

· USB 线。

· LilyPad 组件。

· 多个 LED。

· 电池支架。

· 滑块开关，如果不使用 LilyPad 电池座。

· 电池。

· 钻金属的小钻头（有效尺寸 0.8 ~ 3.2mm）。

· 坠饰机或钻孔机。

· 手持式钻具。

· 缝纫机针。

· 导电线。

· 顶针。

· 额外的扁平钳。

· 桶端扣和额外触发扣，或其他替代品。

· 砂纸、砂纸棒或曲锉。

· 万用表。

· 大量鳄鱼夹。

· 护目镜。

给您的手拿小包袋找一个合适的拎手，这里我用了一个小的硬壳手包，去掉了原来的皮带。如果您要在包袋上用现有的皮带挂钩，要在开工之前确保它们之间没有电连接。包袋可能有一个金属框架，它们连接在一起，这意味着您的电路将无法工作。您可以通过使用结实的面料自制钩和环来解决这个问题。

收集一些备选方案，以便更好地将手柄和包袋连接起来。图中展示的是一系列珠宝设计师完成作品时所用到的材料，包括夹球、珠帽、条形卷边、桶形绳端和袋扣等。使用万用表检查所有组件的电子连接性。如果没有给出读数，它们的表面可能不导电，用砂纸或锉刀来暴露金属基底即可。

3.102a

3.102b

图 3.102a
手拿包。

图 3.102b
在手袋上打磨连接器。

我用桶形绳端来完成钩针的手柄；您需要找一对带孔的钩针来缝合，或者用一个高速的业余钻头自己钻。确保孔的尺寸足够大，以便缝纫针和线通过几次。如果需要的话，可以用一个小型手钻或者一个圆形的锉刀将孔稍微开大一些。现在，您可以使用这些孔来缝制导电纱线，与织物传感器进行机械和电子连接。有两种方法可以将孔定位——其中一种是孔在靠近金属边缘的地方，这样就可以在边缘上缝合，或者彼此相对，这样您就可以将针直接穿过钩针织物并从另一边穿出。如果毡合钩针制品非常密，您可能需要用顶针推着针穿过。

注意安全！

钻孔时，请戴上护目镜保护眼睛，在管子内放置一个木销钉来支撑它，在需要钻孔的位置中心打孔，引导钻头，避免滑动，要润滑钻头以便减少热量。不要在您的电子设备或笔记本电脑附近钻孔——钻孔时会产生细微的金属粉尘，对这些产品有害。确保手边有急救包，以防受伤。

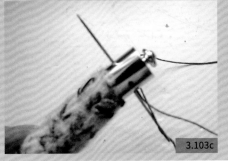

图 3.103a
珠宝收尾部分和钩针编织传感器。

图 3.103b
手工钻绳头。

图 3.103c
将线端缝合到钩针传感器上。

图 3.104a
绳子的末端和钩子连接在一起。

图 3.104b
把手附在袋子上。

图 3.104c
读取电阻。

桶形端扣可能会是一个套装中的一部分，因为它也可以用作项链扣；打开跳环，在另一端安装第二个扣。双手拿着一对扁嘴钳，扭开吊环，将手柄连接到袋子上，检查手柄两端的导通性（如图 3.104 万用表没有导通性设置，因此我测量的电阻单位是欧姆）。

现在您需要将电路板上的电路转移到可缝合的 LilyPad（或其他品牌）硬件上。如果您的 LilyPad 需要 FTDI 板，请确保为其安装了驱动程序，如图 3.106 所示：在 http://www.ftdichip.com/ Drivers / VCP.htm 上找到它们。从 Arduino 工具 → Board 菜单中选择 LilyPad，从工具 → Port 菜单中选择端口（名称中应包含"usbserial"）。您现在应该可以上传之前使用的草图（代码）。

LilyPad 具有您需要的相同电源、接地、模拟及数字输入和输出引脚。尝试围绕着组件绘制，或使用 Fritzing（Fritzing. org）绘制开始变得不那么垂直且更自由的电路。您也可以使用鳄鱼夹进行测试。

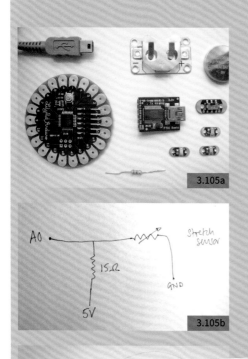

3.105a

3.105b

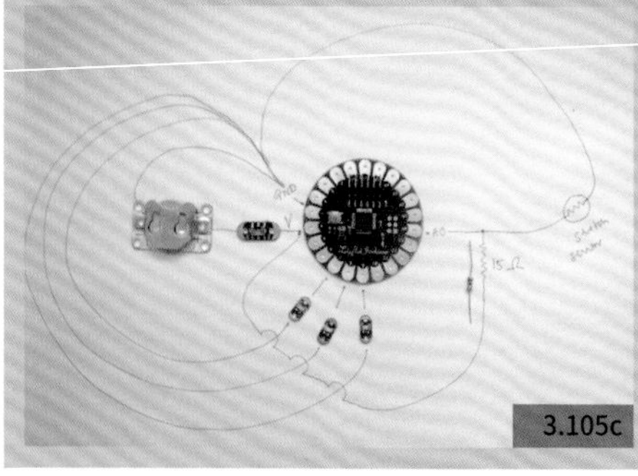

3.105c

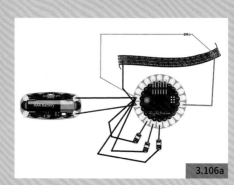

3.106a

3.106b

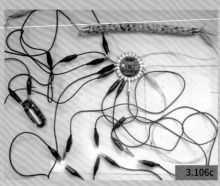

3.106c

图 3.105a
LilyPad 组件。

图 3.105b
分压电路。

图 3.105c
描绘出物理电路。

图 3.106a
Fritzing（图形化 Arduino 电路开发软件）。

图 3.106b
手绘图。

图 3.106c
鳄鱼夹。

LilyPad 电源板将 1.5V 的 AAA 电池升压至电路所需的 5V 电压。请勿使用供电电压超过 5.5V 的电池。您也可以在这里使用 3V 纽扣电池，它更轻，空间占用也更少。然而，它不会升至 5V，您会发现 LED 更暗一些。如果使用纽扣电池，您可能还需要添加滑块开关。原电路中的 220Ω 电阻将被板载 LED 电阻取代。如图 3.107 所示，通过用圆嘴钳在腿上制作整齐的环，使分压器的电阻器可缝合。

根据您正在使用的操作方式画出物理电路草图。在这里，我为包袋制作了一个可拆卸的插件，而不是永久固定的电子连接设备。电池位于封闭袋的一端，LilyPad 靠在一侧壁上。LED 在包袋外面的单独翻盖上，并卡在内衬上。

把电路缝到您所选择的织物上，确保两端对齐。用万用表定期检查需要的地方是否连通，不应该连接的地方是否连通。

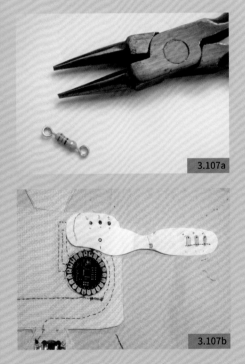

图 3.107a
制作一个可缝合的电阻器。

图 3.107b
根据 LED 裁剪模板。

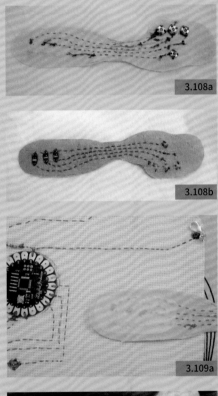

3.108a

3.108b

3.109a

3.109b

图 3.108a
可脱卸的 LED 组件（背面）。

图 3.108b
可脱卸的 LED 组件（正面）。

图 3.109a
带接口的绝缘缝合连接。

图 3.109b
在两个连接的缝合接口之间绝缘。

用衬布把线头固定在适当的位置，减少磨损，必要时把它熨烫到织物的反面。按扣可在零件之间建立连接。我使用不同的织物作为电路的可见部分，您也可以选择以这种方式使某些部件变成可换体。

一旦您有一个完整的织物电路，就应该检查程序中的数值。也就是说，您必须对它进行校准。这是因为，您已经在电路中引入了带有电阻的新材料，还将握住手柄——每个人都会在电路中引入不同的电容消耗。

您可以做进一步的改进：

· 进行用户测试，以确定对不同的人来说，"太重"意味着什么。
· 重新设计手柄电回路和内部电路之间的连接。
· 用填充物或间隔织物保护袋子内的硬件。
· 在 Arduino 程序中添加自动校准功能。
· 探索手柄和包袋之间的力学关系。
· 探索不同的包袋形式及其用途。

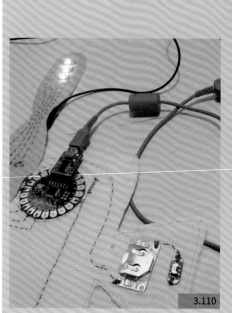

图 3.110
检查最终电路中的阻值。

图 3.111
包袋成品。

本章小结

本章介绍了一些基本的实用技巧，并介绍了柔性电子学的关键原理。您了解了如何采购织物和纱线，电路中的组件，以及使用导电纱线和织物时的一些问题。现在，您应该拥有了一系列您亲手制作的带LED的缝合电路，以及一系列实验性织物传感器，这些传感器可以以不同的尺度构建到智能纺织应用中。

您应该明白什么时候以及为什么要在项目中使用微处理器，同时，您也已经用LilyPad Arduino 构建了您的第一个可穿戴设备。

推荐阅读

Adafruit, https://learn.adafruit.com/collins-lab-soldering/transcript; https://learn.adafruit.com/collins-lab-breadboards-and-perfboards/transcript.

Arduino, "Getting Started with LilyPad Arduino." Available online: http://arduino.cc/en/Guide/ArduinoLilyPad (accessed 7 April 2015).

Buechley, L. and M. Eisenberg, "The Lilypad Arduino: Toward Wearable Engineering for Everyone" IEEE Pervasive Computing 2, no.2 (April – June 2008): 200.

Buechley, L., K. Peppler and M. Eisenberg (2013), *Textile Messages: Dispatches From the World of E-Textiles and Education*, Bern, Switzerland: Peter Lang Publishing.

Eng, D. (2009), *Fashion Geek: Clothes and Accessories Tech*, Cincinnati, OH: North Light Books.

ETH Zurich, "Thermochromic Ink & Silver Ink Video Tutorial." Available online: http://www.youtube.com/watch?v= n6EBCsuPABo (accessed 7 April 2015).

Foxtel, "Alert Shirt." Available online: https://www.youtube.com/watch?v=maHGf3LNGMs (accessed 7 April 2015).

Future-Shape, "Large-Area Proximity Sensors." Available online: http://future-shape.com/en/competencies/11/large-area-proximity-sensors (accessed 7 April 2015).

Grant, L., "Circuit Bending Orchestra for the Fairytale Fashion Show." Available online: http://makezine.com/2010/02/18/circuit-bending-orchestra-for-the-f/ (accessed 7 April 2015).

Hartman, K. (2014), *Make: Wearable Electronics*, Sebastopol, CA: Maker Media, Inc. Instructables.

Hughes, R. and Rowe, M. (1991), *The Colouring, Bronzing and Patination of Metals: A Manual for Fine Metalworkers, Sculptors and Designers*, London: Thames & Hudson.

An Internet of Soft Things. Available online: http://aninternetofsoftthings.com/how-to/ (accessed 7 April 2015).

Jseay on Instructables. Available online: http://www.instructables.com/member/jseay/ (accessed 7 April 2015).

Less EMF. Available online: www.LessEMF.com (accessed 7 April 2015).

Kirstein, T., ed. (2013), *Multidisciplinary Know-How for Smart-Textile Developers* (Woodhead Publishing Series in Textiles), Cambridge, UK: Woodhead Publishing Ltd.

Kobakant, "Chipmanband Workshop." Available online: http://www.kobakant.at/DIY/?p=5044. (accessed 7 April 2015).

Kobakant, "How To Get What You Want." Available online: http://www.kobakant.at/DIY/ (accessed 7 April 2015).

Lewis, A. (2008), *Switch Craft*, New York: Potter Craft.

Pakhchyan, S. (2008), *Fashioning Technology*, Sebastopol, CA: O'Reilly.

Patel, S., H. Park, P. Bonato, L. Chan and M. Rodgers (2012), "A Review of Wearable Sensors andSystems with Application in Rehabilitation," *Journal of NeuroEngineering and Rehabilitation*, 9: 21. Available online: http://www.jneuroengrehab.com/content/pdf/1743-0003-9-21.pdf (accessed 27 May 2014).

Platt, C. (2009), *Make Electronics: Learning Through Discovery*, Sebastopol, CA: Maker Media.

Plug and Wear. Available online: http://www.plugandwear.com/default.asp?mod=cpages&page_id=37 (accessed 26 May 2014).

Sparkfun, "Tutorials." Available online: https://learn.sparkfun.com/tutorials (accessed 7 April 2015).

Zeagler, C., S. Audy, S. Gilliland and T. Starner (2013), "Can I Wash It?: The Effect of Washing Conductive Materials Used in Making Textile Based Wearable Electronic Interfaces," Proc. IEEE & ACM International Symposium on Wearable Computers, Zurich, Switzerland, September 2013.

设计自己的智能纺织品

> 在处理复杂的技术组合时，很容易陷入耗时的功能细节中，从而与整体表达失去联系。

瓦尔嘎达（Vallgårda）2009：69

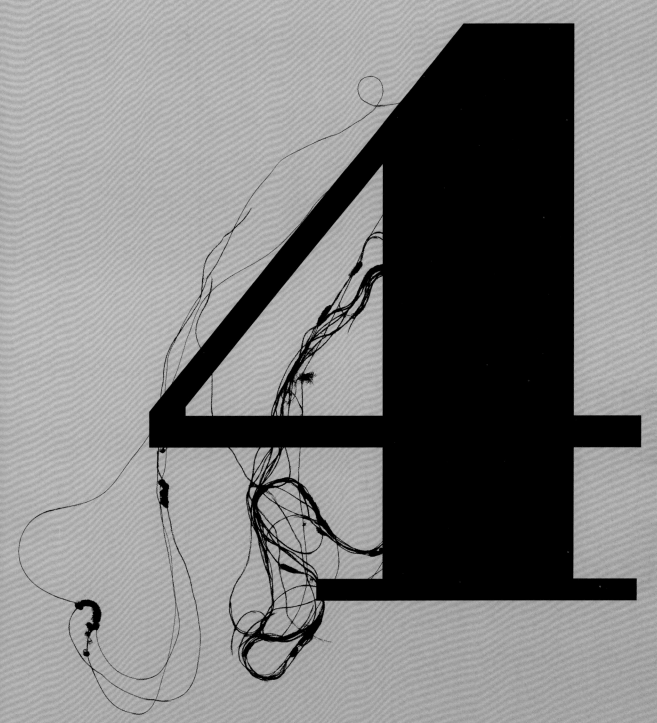

本章将介绍一系列推动智能纺织品界限、探索技术结构、没有忽视作品的表达潜力的研究人员和实践者（正如瓦尔嘎达所说）。在这里，您将获得实践经验并洞察到该领域未来的发展方向。

每个小节详细介绍了一个制造商或团队的项目，有一份简要介绍、技术提示和推荐阅读材料的简短列表。这些大部分都不是供大家完成的完整的项目（尽管提供了完整的在线说明、链接或参考）。相反，本章旨在激励读者在自己的实践中尝试不同的材料、工具和流程，并帮助大家了解如何通过实验建立材料知识宝库。请不要忘记记录自己的过程。

案例研究：
劳伦·鲍克（Lauren Bowker）和 THEUNSEEN

劳伦·鲍克是伦敦皇家艺术学院的校友，也是欧洲物联网理事会的董事会成员，并曾在巴黎和伦敦时装周上开发布会，她是 THEUNSEEN 的领导者。这是一家位于萨默塞特宫（Somerset House）拱顶的材料勘探馆，是一座十六世纪宫殿的所在地，也是皇家学院的所在地。这个位置适合鲍克的炼金术合作实践，她也是化学家、模式切割师、工程师和解剖学家。
http://seetheunseen.co.uk/

炼金术是一种古老的哲学思辨，通过材料的嬗变来寻求完美。THEUNSEEN 致力于通过化学、生物和电子科学，将艺术，设计和表演融为一体，创造出精致的"魔法"高定时装。炼金术对精神与宇宙关系的关注也可以从 THEUNSEEN 项目的功能中看出来，比如空气集合和第八感（the Eighth Sense）。该项目对炼金术和仪式的一贯叙述是促进实验室严肃科学和材料探索的一种方式。其最终目标是开发无缝材料驱动技术，使人们在日常生活中受益。

墨水的发展
在曼彻斯特艺术学院，鲍克开始研究含氯化钯的油墨和染料的潜力，在一氧化碳存在的情况下，这将使颜色从黄色变为黑色。鲍克与生物化学家合作生产了"污染墨水"，其使用可逆染料印刷服装，以保护穿着者免受被动吸烟和燃料排放等危害。

4.1a

4.1b

在伦敦皇家艺术学院制作的另一种墨水可以响应环境中的七种不同参数，其使用方法取决于所处理的材料，包括丝网印刷、手绘、喷涂和染色。鲍克采用针对特定场地的定制方法来开发针对个体佩戴者的部件，将环境条件映射到他们将要穿戴的位置，并定制染料以便对这些参数做出反应。

对这七种刺激所产生的颜色变化是：

热——RGB 或潘通（Pantone）色阶——可逆或不可逆变化；
紫外线——RGB 或潘通色阶——可逆或不可逆变化；
污染——黄色—黑色—可逆；
声音——从有色到无色；
水分——从有色到无色；
化学品——CMYK 色阶；
摩擦——CMYK—可逆。

4.2

"空气"（Air）系列

2014 年 2 月，THEUNSEEN 在伦敦时装周上展示了一个时装胶囊系列——"空气"系列，其由三部分组成：甲虫服装，对热、湿气和紫外线辐射有反应；一个大型的热响应雕塑；一片翅膀，对摩擦和空气动力学做出反应。图 4.1 所示的野兽服装是用鲍克的复合油墨和染料处理过的皮革制成的，允许材料出现受控和不受控的颜色变化。这件作品纯粹是对热量做出反应。在圣灯节（Imbolc）火祭开幕式中，大家用油墨处理阻燃材料，并点燃这件服装。当火焰蔓延开时，颜色就显露了出来。THEUNSEEN 与施华洛世奇宝石合作，将 4 000 多种天然黑色尖晶石与活性墨水结合在一起。这些石头是便帽的一部分，作为天然绝缘体，对大脑活动、体温、皮肤传导和呼吸模式产生的信号做出反应。由此产生的颜色在一天中不断发生变化，早晨，头部前方部位呈现出更多的橙色调，而在晚上，头部后方部位则出现更多的蓝色图案。

图 4.1a & b
野兽雕塑（Air 系列）。用定制的复合染料和油墨处理过的皮革；这件作品对热量敏感，颜色会随温度而不断变化。
劳伦·鲍克和 THEUNSEEN。

图 4.2
施华洛世奇帽，黑色尖晶石；宝石会对大脑活动做出反应，从而改变颜色。
劳伦·鲍克和 THEUNSEEN。

印刷电路
案例研究：琳达·沃尔彬（Linda Worbin）

设计师能够预测和计划的条件在很大程度上取决于设计方法，这些方法与材料的开发并行发展。

沃尔彬2010: 12

琳达·沃尔彬任教于布罗斯的瑞典纺织学院。她在攻读博士时，开发了一种设计方法，用于处理纺织品中的动态图案。她指出，设计师习惯于使用静态模式的工具和技术，但要发挥活性染料的表达潜力却需要新的方法。可以将热敏织物或印花织物视为具有符号学意义的多层体，而不只有一个固定的单层；单个纺织品可以提供多层动态信息，这意味着设计师现在要有能力分辨出空间和时间的变化。

沃尔彬提出以下这些对这种设计工作有用的术语：可逆、不可逆、报告和直接模式。

可逆模式是指从一种状态变为另一种状态（或其他状态）后，总是会变回其初始状态。不可逆模式是指不仅不会变回其初始状态，相反，它还会继续改变。

4.3

图4.3
编织和印刷的热变色纺织品；右边的鳄鱼夹将导电纱线连接到织物上。它们使电流通过纱线以产生热量。
琳达·沃尔彬。

图4.4
热变色图表；沃尔彬的研究产生了大量此类图表，记录了每种混合物中颜料与热变色染料的分级比例，并显示了对给定温度的响应结果。这些图表使设计师能够在纺织品设计中做出更明智的色彩决策。
琳达·沃尔彬。

4.4

"报告模式"需要一个微处理器，因为它可能会在其他时间（甚至在其他某个站点中）改变其表达方式，以触发它的交互。"直接模式"与第一章讨论的"反应模式"类似，它实时发生在与交互触发器相同的位置中（如触摸或使面料起皱）。然而，它可能在设计后拥有非常特定的表达方式，例如当热致变色（简称 TC）墨水对身体温度做出反应时会有颜色变化。这些行为可以混合在一起，因此纺织品既可能具有报告及可逆的模式，也可能具有直接和可逆等多种模式。在图 4.5 所示的实验中，由碳纤维和棉制成的编织物用 TC 油墨（灰色变为透明）和混合浅蓝色的 TC 颜料（灰色变为蓝色）进行丝网印刷。在图 4.5 中，纬纱是灰色的，与碳纤维相匹配。当电流通过导电碳纱线时，随即变成了蓝色和白色。4.5 ～ 12 V 电源与鳄鱼夹连接，不可避免地产生了 27℃以上的温度，以形成肉眼可见的颜色变化。沃尔彬还使用颜料与黏合剂的分级比率，以及多层 TC 和非 TC 颜料的不同组合产生颜色"地图"。她在论文中记录了其中的一些已知的颜色变化特性，还有如何对量化的相互作用维度做出反应，例如热源的使用时间等，这些都为未来设计提供了重要的资源。

技术建议

TC 颜色的一般性质是指，由温度变化引起的颜色可逆变化。用于纺织的 TC 颜料有颜色和温度范围的变化；8℃、15℃、27℃等。变温 AQ 浓缩染料（Variotherm AQ Concentrated Colours）是一种 TC 颜料，可以从非水溶性薄膜的球形颗粒胶囊中获得其颜色变化特性，也可以用一般颜料和水基溶剂溶解，用于纺织品印刷。

不同的颜色对光线具有独特的牢度，可在 40℃下清洗。

当使用会随温度变化的 TC 油墨进行设计时，赞恩·贝兹娜（Zane Berzina）建议通过应用在不同温度下的不同颜色来设计颜色变化，首先应用最浅的颜色，最后应用最暗的颜色。她还建议，如果颜色变化颜料在不同的温度下反应，您应该先给出最高温度后形成的颜色，以及最低温度后形成的最暗色，以完成多色设计。

4.5a

4.5b

4.5c

图 4.5 a, b, & c
热变色实验；熨斗的热量激活的装饰图案。热致变色墨水发生变化后，往往会显露出它下层的油墨颜色。
琳达·沃尔彬。

萨拉·凯特蕾（Sarah Kettley）
——打开印刷开关

萨拉·凯特蕾是诺丁汉特伦特大学产品设计的高级讲师；她与纺织从业者和电脑科学家合作，探索人与纺织品界面的互动。

凯特蕾用银基墨水印刷了开关，这些开关成为"斯蒂尔"（Stille）整个项圈图案的一部分。虽然它们中的任何一对开关都可以连接到电路，但当佩戴者触发颈部周围的三对时，即完成了电路的连接，同时通过放置在衣领中的小扬声器播放声音。这种类型的开关需要一个处理器，因为它实际上是在检测身体高电阻导致的电位（电压）差异。Arduino 微处理器被安装在一个小塑料盒盖上，支撑在中心前部。短导线与导电纱线合在一起形成电路，充分利用整个设计的坚固性和灵活性完成了作品。

分压器电路

分压器是一种简单的电路，它使用串联（非并联）的两个电阻器，以提供比供电电压更低的电压输出（在本项目中为 9V 电池）。当使用纺织品和 Arduino 时，这是一个非常有用的电路，有两个原因：

· Arduino 运行电压为 5V。

· 它不能轻易读取电阻（欧姆），但它可以读取通过模拟引脚输入的电压。

电源电压按照分压器中电阻的比率进行分压。如果分压器中的一个电阻增加，那么该电阻器两端的电压也会增加。因此，当我们使用由纺织品制成的可变电阻器，或者当我们用身体作为电路的一部分（身体是一个非常大的电阻器/电容器）时，该电路为我们提供了必须触发驱动器后才能形成的输出（灯光、声音、动作）。电路中的一个电阻变为可变电阻，如 Stille；两个银导电贴片是电路的开口端，它们看起来非常像开关。但是电流并不是简单地流过电路并在打开时发出声音；因为身体的巨大阻力缩短了银色"羽毛"之间的间隙，所以可能没有足够的能量来实现这一点。

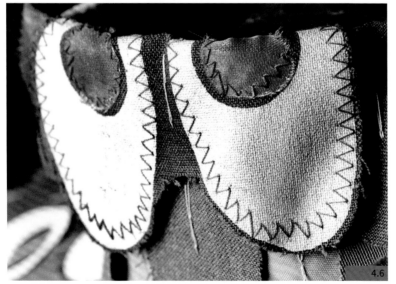

4.6

图 4.6
Stille——印刷的银色贴片形成三个打开的开关电极，当佩戴者转动头部时，这些开关通过皮肤连接。身体可以充当电路的一部分——作者。
摄影：迈克·拜思（Mike Byrne）。

图 4.7
阿姆斯特丹的 Stille。周围的成对银色"羽毛"可以产生反应。

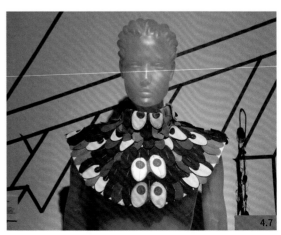

4.7

关键问题

1. 将两个 500Ω 电阻组成的分压器连接在一个 9V 电池上。使用前面的公式计算输出电压。

2. 如果身体是其中一个电阻器，请计算出第二个电阻应该是什么值，输出电压要控制在 Arduino 的 0V 到 5V 范围内。

技术建议

用银导电油墨印刷：

银墨具有良好的柔韧性，可在面料上进行丝网印刷；CreativeMaterials.com 等供应商提供此类产品，他们建议"对于大多数应用而言，最佳性能是在 100℃干燥几分钟，然后在 175℃固化 5 ~ 10min。通过在 50℃至 175℃的温度范围内固化，可在各种基材上获得良好的性能。需使用干燥室，并注意墨水固化后导电性会增强。使用稀释剂后的墨水对印刷很有帮助，但需要佩戴个人安全设备，以保护自己免受挥发气体和皮肤刺激。

```
+5V
 |
R1 （传感器）
 |
 +  ——————————— O  A0 （A/D 输入开源硬件）
 |
R2 （电阻器）
 |
 =  （GND）
```

该电路称为"分压器"，A0 的电压可以计算为 A0 = [R2 / （R1 + R2）] 5V

婕琪（Jie Qi）
——Bare Conductive 公司的涂漆电路

婕琪在麻省理工学院利亚·布切利的高科技小组实习了一个夏天，并在 2010 年的 TEI 会议上展示了她的项目"电子爆竹"（Electronic Popables）。

导电油墨激动人心的发展意味着可以直接在速写本和柔性平坦的表面或基板上工作，以自己熟悉的方式进行设计。图案和颜色可以成为有源系统的组成部分。

导电油墨也可以用来绘画。长期以来，导电油墨一直以电子笔的形式出现在电子界，可以在损坏的电路上进行现场维修，直到最近它们才成为创意界的实验媒介。婕琪的立体书使用她自己的实验方法，用 Bare Conductive 公司新推出的导电绘制工具构建了装饰性二维电路，并展示了一系列输出效果，如光线和运动。立体书的风格为我们提供了开关使用的新方法。

图 4.8
交互式立体书，城市。
纸工程技术和导电油墨使交互式书籍成为可能。
婕琪。

图 4.9
交互式立体书，花卉。
这些弹出窗口中的电子产品主要使用铜带、导电织物和导电涂料制成。早期的项目也使用磁性涂料。
婕琪。

图 4.10
用于绘图和绘画的导电油墨；墨水也可用于冷焊元件，并可将任何表面转变为传感器。
Bare Conductive。

图 4.9

技术建议

可能需要稀释电漆以降低黏度，并且可以通过添加水来实现这一点，因为在水基溶液中，它是悬浮着的导电颗粒。但要小心，这样做会降低导电性。Bare Conductive 在其网站上提供了大量的教程。

乔·霍奇（Jo Hodge）
——热和光致变色的时尚

乔·霍奇在艺术与人文研究委员会的支持下，通过纺织品来研究个体间的交流。

霍奇使用对热（热致变色）和光（光致变色）起反应的油墨进行丝网印刷，以增强与身体上所穿衣服的互动。她将印花放在衬裙上，并通过紧固件为穿着者提供多种选择，使其在不同时间可见。

她说：

> "在暴露于紫外线之前，衬裙上的印花看起来清晰而有光泽……当印花图案发光变亮并变成深紫色时会令人兴奋，但要做到这一点，您必须掀起裙子，露出比通常感觉舒服的时候更多的内衬部分……为了使这两种服装颜色都能改变，穿着者和其他人将以各种方式接触、呼吸、抬升和扣紧衣服。"

4.11

图 4.11.
热致变色和光致变色油墨。霍奇混合反应性墨水以探索人类互动的可能性。
乔·霍奇。

图 4.12
格拉斯哥大学当代艺术中心的热致变色和光致变色油墨。这些服装的内部也印有变色油墨；穿着者需要将裙子固定或抬起后，把油墨露出来。
乔·霍奇。

技术建议

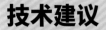

这些被动形式的智能纺织品根本不需要微处理器或任何电路，它们只是对环境做出反应。

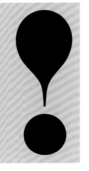

4.12

针织传感器和制动器
案例研究：玛莎·格莱滋（Martha Glazzard）

玛莎·格莱滋是英国研究委员会的一名针织研究员，该委员会资助了软件物联网项目。她获得了利用纬编结构进行高级材料设计的定性设计方法博士学位，探索了知识转换和针织作为一门学科的特性。她的研究兴趣包括针织结构、材料和结构特性、以功能为中心的设计、从业者方法和以实践为导向的定性评估。

"伊奥尼亚"（Aeolia）

该项目结合了时尚、纺织、电气工程、交互设计和工艺方面的专业知识。该项目首先使用了可以固定在针织管道中的商用橡胶碳纤维拉伸传感器（它们也出现在其他服装中，比如带有刺绣的管道，以及带有浮子的机织结构管道，见图2.11），随后格莱滋开发出了她自己的方法，为"大提琴服装"制造针织弹力传感器（图4.13）。

该针织物充当可变电阻器，利用拉伸时针脚之间接触次数的变化，在材料上产生电阻变化。然而，从中获得的传感器数据非常"嘈杂"，对医疗或其他关键应用行业还不够可靠。该项目创造性地利用了这个问题，使用"阿尔布顿"（Ableton）软件实时过滤了大提琴手弓形臂的运动传感器输出，并将值反馈到交互式声音系统，使其成为动态演奏反馈循环的一部分。

图 4.13
针织弹力传感器。狭长的针织形式比宽幅形式能提供更可靠的数据；这些数据被反馈到能够过滤并使其可用的软件中。

4.14

4.13

图 4.14
高压灭菌现场；热致变色油墨随着针织铜线带而改变。
玛莎·格莱滋。

图 4.15
高压灭菌过程；测试电流和墨水反应。
玛莎·格莱滋。

4.15

高压灭菌器

格莱滋与科学家尼莎·拉娜（Nisha Rana）合作生产了图 4.14 所示的针织艺术品，获"预防感染，保护健康"类别的 3M 医疗保健奖。"高压灭菌器"使用导电加热元件和热致变色墨水，对琼脂平板上的细菌施加热消毒特性。当在织物中编织成条纹的铜线被电路加热时，热致变色墨水逐渐消失，并显示出不同的颜色。

拉胀结构

在她的博士研究中，格莱滋利用传统的纺织品设计方法来研究拉胀结构的潜在功能。据说具有这种结构的材料具有反向泊松比，这意味着它们在施加拉力的反方向上膨胀（当它们纵向拉伸时，看起来会变得更厚而不是更薄）。格莱滋这里工作的一个重要方面是她对隐性知识的认识，即她对编织工艺和针织面料结构的具体理解。这使她能够展示美学、触觉和主观设计品质，以及拉伸功能和测试标准这类更常规的目标。然后，她在三维印刷橡胶和塑料材料的有趣探索中不断探索这个目标，并制造出不同的表面和不同的功能特性（例如孔隙率、尺度和拉伸度极不相同），但造型却又相似的几何结构。

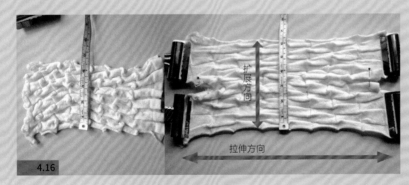

4.16

图 4.16
测量拉胀行为；一个拉胀结构同时沿其长度和宽度扩展。不同的针织结构具有不同的拉胀特性。
玛莎·格莱滋。

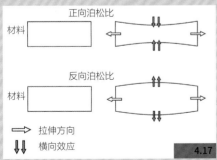

4.17

图 4.17
交流拉胀行为。很多领域都对拉胀材料感兴趣，这些领域以不同方式重视信息的传递。
玛莎·格莱滋。

图 4.18
打印的拉胀结构；玛莎把她在创建针织辅助设备方面积累的知识，借助编程 3D 打印机，用两种橡胶材料构建了一个拉胀结构。
玛莎·格莱滋。

4.18

安娜·佩尔森（Anna Persson）
——用热来改变针织结构

安娜·佩尔森于 2013 年在布罗斯大学完成博士学位。她在论文《探索用于交互设计的纺织材料》中研究了纺织结构的可逆和不可逆变化，以达到交流和表达的目的。

安娜·佩尔森探索了用热量来改变针织面料表面和结构的方法，变化过程中会出现收缩、断裂、硬化、纹理化和变暖等多种情况。在"触摸环"（Touching Loops）项目中，三种不同的交互式纺织品都可以改变它们的视觉和触觉表达：当您用手触摸纺织品时，它会变暖，不同的纤维也会改变织物的结构，比如收缩、破裂或硬化。最成功的实验是将导电纤维成排引入，也不需要大面积编织。

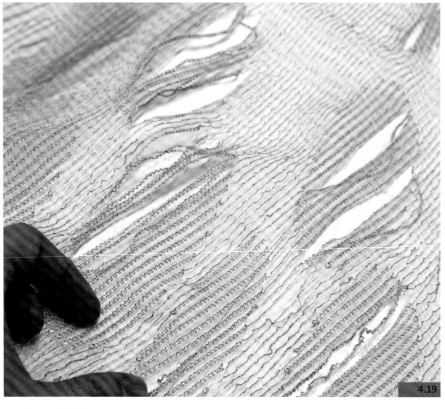

图 4.19
热变织物；嵌入式纺织品传感器通过加热织物区域来对触摸做出反应；热量足以使其结构中使用的聚合物纱线变形甚至熔化。
安娜·佩尔森。

4.19

技术建议

第一个实验将镀银铜纱和"佩莫特斯"（Pemotex）纱线结合在了一起，最后形成带有平纹针织区域的脊状图案。一排排精细的导电纱线将纺织品表面区域隔开，将信息作为热量进行感知和传递。当施加电流时，面料表层区域中针织图案的尺寸会随着热量的变化而变化。金属纤维产生热量，而 Pemotex 纱线（100%聚酯）会熔化（且不可逆）。

在第二个样品中，提花图案结合了收缩聚酯单丝、"格力纶"（Grilon）纱线和镀银铜纱线。Grilon 是一种低熔点尼龙，Co-PA（共聚酰胺）复丝，在工业中用其将针织面料成型。在 80~90℃之间，这种可热成型的纱线将会熔化，最后变成黏合剂。一排排脊形图案在表面上交织，将其纹理构建为结构框架。在这种情况下，表面不会像以前的设计实验那样发生结构上的变化。相反，通过导电纱线在材料脊上加热会使特定区域变硬，从而使表面由软变硬。

第三个样品由部分针织和山脊图案构成，所用纱线为 Pemotex、Grilon 和镀银铜纱线。该图案采用提花 2×2 网技术。在计算机程序中，提花机的行被分开，以控制材料中断裂的位置和大小。当暴露在热能量中，可变形纱线熔化，留下导电纱线圈。成排的导电纱线维持着线圈的形状，通过断裂将表面的纹理效果从二维图案转变为三维图案。

阿米特·古普塔（Amit Gupta）
——针织电路的电流皮肤反应

阿米特·古普塔是 Colab 的研究员，Colab 是新西兰奥克兰理工大学（AUT）的设计与创意技术合作的简称。古普塔在精细针织服装、整体服装和复杂 CAD 面料的设计和生产方面经验丰富，是 CAD 编织和 Shima Seiki（日本岛精公司）编程专家，其研究内容包括先进的面料结构和图案开发。

对于不同的智能服装应用，可以选择不同的针织结构以适应限制压力和电导率的要求。特定针脚的导电针织面料可以开创性地用于强大的智能设备上，例如监控传感器和热发生器。

古普塔对人们通过触觉对纺织品产生情感反应的可能性很感兴趣，在他的博士学位期间，他正在研究用于监测健康信号的编织电路。在图 4.20 所示的例子中，他的目标是保持导电纱线远离皮肤接触，原因有二：一是它会影响系统读数的准确性（人体就像一个巨大的电容，使整个电路中的电压下降），而且对一些人来说，纱线中的金属可能会有刺激性；二是虽然皮肤电反应传感器本身不能识别特定的情绪，但汗腺是由交感神经系统控制的，所以在快乐、悲伤等强烈的情绪时刻会产生更高的电压，兴奋或高压状态下电压会更高。

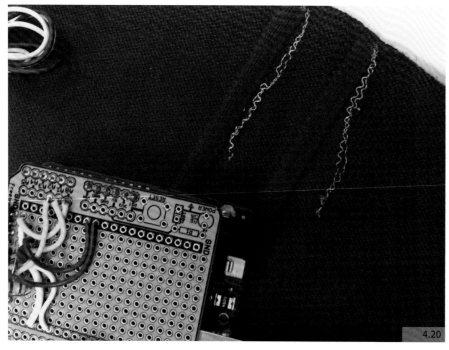

图 4.20
针织电流皮肤反应传感器；必须将导电纱线紧密地编织到结构中以使磨损最小化。
阿米特·古普塔。

4.20

技术建议

一股导电纱线（导电纱线就像一根没有绝缘的电线那样，从电池向 LED 或其他部件传送电力）在管状针织结构的背面内编织（夹在前后分层的针织物之间）。使用各种针织技术并已实现预期结果的有：嵌花、编织、管状针织和互锁针织等。导电纱线必须紧密编织以确保其连接的正确性，它易于磨损，而且在磨损后缝线会松动。单股导电纱线足以在 65cm×80cm 的针织面板上承载所有的电流。所有导电线的电阻率都会随着长度的增加而急剧增加，所以它们不适合长距离连接。笔者用 1 兆欧电阻来解决这个问题：它被放置在发送引脚和接收（传感器）引脚之间，以实现绝对的触摸激活。

这个原型使用：

一个 LilyPad Arduino；

一个 0.1 微法的电容器；

一个 1 兆欧的电阻器；

一个 NeoPixel（RGB）；

单头导电纱（不锈钢）；

双头羊毛混纺线（2/60 公支）。

皮肤电导，也称为皮肤电反应（GSR），是一种测量皮肤电导率的方法，其随皮肤水分水平不同而变化。皮肤电导象征着心理或生理唤醒。作品中，面板底部编织两个电极，用户将两根手指放在上面，RGB LED 灯就会根据人的电导而被点亮。在这种情况下，导电纱线的一端连接到 5V 电池，另一端连接到一个模拟输入 / 输出引脚，然后接地。必须使用电容器和电阻器来消除不必要的噪声。输出数据被转化为电压，测量范围为 0V 到 5V。不同的颜色与输出电压相关：

0 ~ 1 V = 白色；

1 ~ 2 V = 蓝色；

2 ~ 3 V = 绿色；

3 ~ 4 V = 黄色；

4 ~ 5 V = 红色。

易碧尔·库柏科（Ebru Kurbak）和伊瑞娜·波诗（Irene Posch）——针织收音机

易碧尔·库柏科是奥地利维也纳的艺术家、研究员、教育家，她在伊斯坦布尔理工大学完成了建筑学的学业。伊瑞娜·波诗在维也纳的应用艺术大学工作，研究项目的名称是"缝合世界"（Stitching Worlds），她也是伊斯坦布尔理工大学的博士生。针织收音机被新技术艺术奖提名，且作为展品于2014年11月7日在比利时根特斑马街（Zebrastraat）展出。

易碧尔·库柏科和伊瑞娜·波诗一起探索针织的政治意义。针织收音机是为手工编织设计的，并以民主方式提供说明。其他项目，如"帷幔调频"（Drapery FM）和"潘趣时装"（Punch Couture），涉及针织机和打孔卡。这些项目能使家庭手工艺者使用纺织品从头开始制作电子元件。通过编写和分享他们熟悉的编织图案（包括导电纱线）的相关说明，他们可以接触到新的制造商群体，也可以编织自己的电阻器、电容器和感应器。

针织收音机是在奥地利联邦总理府和施蒂利亚州的支持下，在纽约"瞳艺术＋"（Eyebeam Art＋）技术中心开发的，包括一个大型图案毛衣形式的开源FM无线电发射器。它被设想为个人在电子空间中表达自己而不用担心审查的方式。

看看库柏科和波诗的毛衣图案（图4.28），可以看到每个图案上的电子数值以及物理尺寸。例如，右侧的套管应为最终阻抗值为27kΩ的电阻器。线圈构成另一个套管的一部分。库柏科网站上提供了完整的说明，以及其他项目的详细信息。

图4.21
在电池、音频源和晶体管连接后，毛衣的针织图案被设计成一个完整的调频收音机发射器；没有这些，它就无法被电子元件感测到。
易碧尔·库柏科和伊瑞娜·波诗。

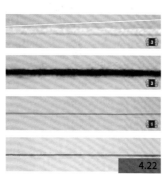

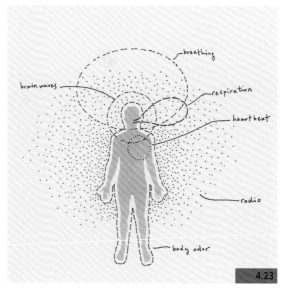

图4.22
针织图案中的纱线规格；这里的纱线包括带有彩色羊毛（CC和MC）的漆包铜线（CW）。
易碧尔·库柏科和伊瑞娜·波诗。

图4.23
作为个人表达的收音机；无线电频率在每个人的周围都创造了一个场，在其中，大家都可以单独表达。
易碧尔·库柏科和伊瑞娜·波诗。

4.24

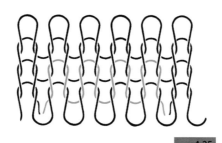

4.25

4.26

4.27

图 4.24
收音机组件。电阻器、电容器、线圈、晶体管、电池和音频源连接器。易碧尔·库柏科和伊瑞娜·波诗。

图 4.25
针织线圈。通过将导体缠绕在芯上来形成线圈。在这里，它用一根绝缘铜线编织一些平针而成。易碧尔·库柏科和伊瑞娜·波诗。

图 4.26
充电 / 放电。该项目中的线圈由非绝缘铜线紧紧包裹在一个 Steradent 管周围而成。当振动时，管内的磁铁可在管内自由地上下移动，从而产生电势（电压）。约翰·理查兹（John Richards）。

图 4.27
针织无线电组件在毛衣片上的可能性分布。易碧尔·库柏科和伊瑞娜·波诗。

图 4.28
针织部件。如果遵循针织图案，则可以重复制作相同的部件。易碧尔·库柏科和伊瑞娜·波诗。

图 4.29
成品毛衣看起来很寻常，还能为穿着者带来一些力量。易碧尔·库柏科和伊瑞娜·波诗。
照片：马希尔·亚武兹（Mahir M. Yavuz）。

技术建议

收音机由电阻器、电容器、晶体管、线圈、电池和连接电源的插座组成。这件毛衣采用了这些组件，其中一些是织物，因此佩戴者可以在半径达 6 米的范围内传输自己的声音。任何调到正确频率的人都能听到传出来的信息。该图案要求使用羊毛、绝缘铜线和不锈钢纱线，库柏科和波诗解释了如何编织铜线圈以产生磁场。线圈由缠绕在非导电芯上的导线构成；另请参阅约翰·理查兹在建议阅读部分中给出的 Dirty Electronics（脏脏电子产品），了解如何使用磁铁和铜线创建法拉第发生器来驱动声音模块，以及第一章中有关蒂克·迪亚斯的专题采访，了解有关针织加热元件的更多信息。

4.28

4.29

饶米娜·高维诗卡（Ramyah Gowrishankar）
——针织用导电纱线

作为赫尔辛基阿尔托大学的硕士生，饶米娜·高维诗卡提出了这样一个问题：如何将电子产品以一种特定于纺织品媒介的方式整合到织物中？此外，她还对织物的多功能性和材料的熟悉性如何允许用户、人工制品和周围环境之间发生对话这个问题感兴趣。为了解决这些问题，她在"自然栖息地"中创造了一系列柔软的"触发器"或物体。它们是潜在的软装置中的一部分，可以以不同的方式组合在一起。像高维诗卡的所有作品一样，这项研究计划也有详尽的文档记录，并已慷慨分享（参见建议阅读部分）。

高维诗卡发现，针织机产生的方向性意味着，如果将触发概念分解为确保软电路工作的部件，则可以更有效地构建触发概念。这些设计没有以平面电路布局的方式思考，而是将触发概念设计成为电路的一部分，并作为触发器最终和电路汇集在一起。这通常会影响触发器的形式和形状。独立部件的案例包括"传感器"、软电缆和用于存放电池的口袋。LilyPad 微控制器和电源是可拆卸的，零件组装时，松动的端部经过修剪和黏合，可以避免短路。为了安全组装，我们可以手工缝合也可以机器缝纫。

 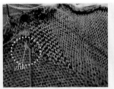 

1 编织触发器的不同部分。对于本例，有两个相同大小的圆盘和一个长的针织条带将两者连接起来。

2 用针和胶水编织松散的线，以固定它们。

3 剪掉多余的线，使作品看起来很整洁。

 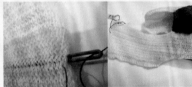

4 首先用针把所有的部分粗略地固定。

5 在合适的位置插入导电纱线和其他组件。

6 使用纱线和针缝合所有部分，随后把起固定作用的针拆掉。

7 在数据线的末端缝制需要连接微控制器的金属按扣。

  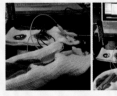

8 缝合并准备下一步动作，此时内面仍然翻在外面。

9 向外右侧翻转。

10 对微控制器进行编程，测试触发器。

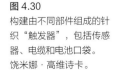

图 4.30
构建由不同部件组成的针织"触发器"，包括传感器、电缆和电池口袋。
饶米娜·高维诗卡。

4.30

技术建议

- 对于针织来说，镀银"斯塔克斯"（Statex）纱线更好，因为它们更结实，与普通纱线的厚度差不多。与钢纤维纱线不同，它们在针织时不会磨损。

- 高电阻的螺纹更适合制作电位计。

- 弹性导电线与较小的针织机配合良好。但在工业用针织机上，如果不与其他正常细纱结合，就会经常出现断纱现象。这些导电纱线本身没有弹性，但当它们与普通纱一起编织时，整个编织结构是有弹性的。

- 在没有微控制器解释其值的情况下直接结合到电路中时，拉伸敏感导电线（Shieldex 50 / 2 公支）对于大约 50 行的宽度最有效。使拉伸传感器过长，需要将织物拉伸到不自然的程度，以产生电流的显著变化。另一方面，更短的传感器即使在没有拉伸的情况下也会让过多的电流通过。

- 低阻力纱线是进行电源连接的理想选择。Sparkfun 的薄导电纱线具有中等电阻，是较短长度电源连接的理想选择。因为它更薄，所以能更好地隐藏在针织物的层之间。Shieldex 纱线比"贝基诺克斯"（Bekinox）钢纤维纱线更容易编织，因为 Shieldex 纱线的捻度更好，并且在用机器的细针针织时不会轻易磨损或折断。Bekinox 纱线在编织时经常断裂或被拉松。

- 高维诗卡的论文第 83 页包含触发器的 Arduino 代码。

编织显示器和组件
案例研究：芭芭拉·莱恩（Barbara Layne）

芭芭拉·莱恩是"亚特拉"（subTela）工作室的主任，也是蒙特利尔康考迪亚大学的教授。她带领一个研究团队，使用微处理器、传感器、光和声音输出制作手工编织结构，包括用于实时通信的滚动文本，以及传递追逐风暴的戏剧效果的用 LED 阵列印刷的连衣裙。

subTela 工作室致力于可穿戴系统和安装的研究，并与建筑师马赫什·塞纳格拉（Mahesh Senagala）合作，计划构造大型建筑结构，其输出端能响应服装中的触摸板。软开关被整合到裙子版样中，随时可以插入现有的便携式设备，如手机和平板电脑。这项工作背后的驱动研究主题是社会动力学以及人与布料的互动。

龙卷风连衣裙采用日本御牧公司（Mimaki）的龙卷风印花，由内布拉斯加风暴追逐者麦克·霍林斯黑（Mike Hollingshead）拍摄。Mimaki 生产用于宽屏打印的专业工业喷墨打印机，可应用在如广告牌、室内装饰和服装上。亚麻织物上印有漏斗云和闪电，衬里上绣有导电线和电子元件，包括超亮白色 LED。衣服外面的三个小光电管检测环境光，根据检测到的光量，LED 显示屏中会触发不同的闪烁模式，这让人联想到恶劣天气条件下的闪电效应。莱恩的团队现在正在根据麦克·霍林斯黑的一幅图像进行第二个提花织物的设计，其中还会包括由观众移动后触发的声音。龙卷风礼服之前的早期作品包括"卢瑟尔"（Lucere）——一面提花墙上挂着一幅白底的白色风景画。作品中有两个编织而成的闪电，它们的声音和光亮会被观者触发，暗示着被称为热闪电的远距离照明。

4.31

图 4.31
龙卷风连衣裙。这件连衣裙是在专业的
Mimaki 宽屏打印机印刷而成的。
subTela 工作室。
照片：米奇·西戈（Mikey Siegal）。

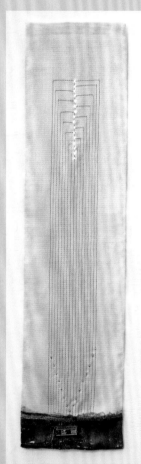

图 4.32
Lucere。当观众接近时，明亮的白色
LED 照明系统即被触发。
subTela 工作室。

这是一个使用编织线、正交排列，将软开关组织成阵列的示例；它通过电容感测人体触摸的位置。使用不断变化位置数据，可以在 LED 中显示以"绘图"方式输出。输入和输出端的纺织品都使用无线 XBee（超蜂）进行通信，该系统最后演变成如图 4.34 和图 4.35 所示的黑色连衣裙，袖子里有输入端纺织品阵列。

在图 4.36 和图 4.37 所示的白色连衣裙中有一个刺绣"键盘"，实际上它是一个显示器，而不是一个输入设备。可以通过无线把 iPad 连接到连衣裙，当第二个人在 iPad 上输入时，键盘显示器的字母会变亮。连衣裙的背面连接着两条银色的缎带，它们夹在一起可以打开连衣裙。

莱恩是一名纺织品设计师，而不是时装设计师，所以她一直对面料的结构以及如何将电子产品融入其中感兴趣。subTela 研究工作室的大部分工作都是手工编织的，并且参考了电路板采用 x 坐标（纬纱）和 y 坐标（经纱）设计的方式。使用日本田岛公司的的塔吉玛（Tajima）铺设机开展了新的工作，该机器可以织双面织物，保持正面和反面的线相互远离；这需要一个知识渊博的织布工，能很清楚地知道该在什么时候拿起一根线来创作自己想要的电路。工作室使用的线来自德国，它的丝芯由镀银的铜纺织而成。最初用于军队、教堂官员和皇室的仪式服装，这具有历史性的服装将进一步促进创新设计的发展。

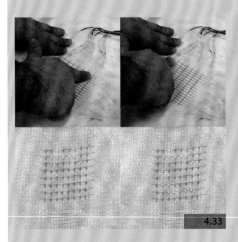

图 4.33
软开关的开发。水平和垂直导电纱线阵列连接到微处理器上，该微处理器可以识别同时接触的两条纱线。这有效地创建了一个触摸板。
subTela 工作室。

图 4.34
带触摸板系统的连衣裙（输入）。触摸板已集成到连衣裙的袖子中。
subTela 工作室。

图 4.35
带触摸板系统的连衣裙（输出）。来自触摸板的绘制或书写内容，会先与壁挂式纺织品之间进行无线通信，然后输出到纺织品中，用 LED 进行重建。
subTela 工作室。

图 4.36
键盘连衣裙。
subTela 工作室。

图 4.37
键盘连衣裙细节。当另
一个人在附近的平板电
脑上打字时，纺织键盘
上的字母会亮起。
subTela 工作室。

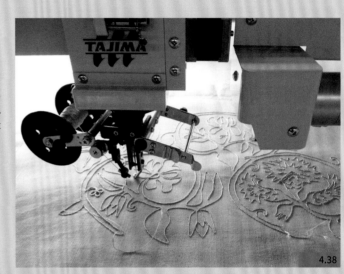

图 4.38
塔吉玛铺设机。纤维铺设技术意味着纱
线可以被精确地放置在基材上；常见的
应用包括增强复合材料，它是通过在先
前铺设的纤维上选择性地添加层而形成
的。
subTela 工作室。

技术建议

键盘连衣裙是一件新作品，它很好地说明了设计过程的非线性特性。这个想法最初是为裙子而做，然后在成为礼服之前又被设计成一个快递袋。莱恩十五年前开始在这个领域工作，随着新形式的元件和技术的出现，整个过程发生了变化——以前需要很长时间才能准备好一个可以手工连接到布料的 LED，而现在，在布料上应用 LED 已经很常见了。现在服装的生产可能只需要 60 个小时，其中，设计、测试和故障排除还花费了大量时间。服装需要由电池供电，但安装件可以连接到主电源，这使得它们更容易长时间展示。在整合无线连接时，蓝牙已经被 XBee 取代，XBee 是一种更新、更可靠的协议。最后，工作室制作的所有东西都需要手洗；只要在一开始拆除电池，剩下所有由其他技术完成的部分都可以小心地清洗。

林恩·坦德勒（Lynn Tandler）
——金属编织

林恩·坦德勒拥有英国皇家艺术学院的构造纺织品专业硕士学位，并兼任纺织品设计师和学术研究员。 http://www.lynntandler.com/。

林恩·坦德勒的灵感来自于她兄弟，她从金属丝作品开始，进行锻造实践。她发现她使用的这种材料好像和布一样具有延展性，于是她也开始利用锻造和涂抹等金属加工技术来创造纺织品，这是一种新的方式。坦德勒指出，金属纤维或细金属丝具有不同的材料特性，正如织布工期望成分不同的纱线有着不同的表现力一样，她的目标是在现有特性的基础上开发材料。例如，以相同方式编织的不同金属织物会产生不同的悬垂特性，而表面纹理则是材料本身呈现出来的样子。这些面料是由意大利的一家织布厂专门为坦德勒生产的，100%可回收，只需要擦拭而不需要洗涤。

在金属织物系列中，坦德勒通过扭转软质纺织线和金属线的结构来挑战结构和材料的传统使用方式：金属织物的构造主要依赖于纺织线的交织方法，基于弯曲和折叠的金属纤维而具有悬垂性、柔软性和可逆性。在她的博士研究工作中，她采用这种方法进一步开发新的编织结构，这种结构可以不依赖于纤维和纱线的性能，并提高织物的性能。

坦德勒与时装设计师玛丽·坎里夫（Marie Cunliffe）合作，完全用编织金属织物制作男装。她们将织物边缘滚压、折叠和锻造，以避免出现尖锐的末端。织物可以正常裁剪，但它们也可以在身体上保持形状。穿着金属服装会有很多新的体验，包括对穿着的新认识，以及因习惯性姿势而留下的印迹。在玛丽·坎里夫的时装系列中，坦德勒的金属缎纹织物因其重量和雕塑特性而被使用，它创造出巨大的形状和戏剧性阴影，与闪烁的反光形成强烈对比。金属织物将通过一种新的铜绿色来"记忆"运动，坦德勒已经探索了将缎面织物的金属含量分级，以使织物能够吸收习惯性的运动，比如手掌上的纹路。随着时间的推移，个人的行为和穿着模式可能会发展成为具有表现力的个人光环。

图 4.39
编织金属纤维。工作时，不同的金属纤维，处理方式不同。
林恩·坦德勒。

图 4.40
林恩·坦德勒的面料被运用于玛丽·坎里夫的时装系列，打造出雕塑造型和独特手感。
照片：玛丽·坎里夫。

4.41

4.42

技术建议

坦德勒在该领域的贡献之一是她对金属涂层技术在纺织品中的应用研究，她创造了一种新形式的染色材料。她按照休斯（Hughes）和罗（Rowe）1991年编写的 *The Colouring, Bronzing and Patination of Metal*（《着色、烫金和金属色调》）中的配方，重新制作了该书籍封面上展示的样品。她把每种金属样品都变成编织样品，产生"新的有机"颜色。

图 4.41
调整样品。绿锈化是指通过化学反应使金属着色，例如，铜在空气中氧化后会呈现绿色或蓝色。引入其他化学品并控制反应中可用的氧气量是实现不同绿度的方法。
林恩·坦德勒。

图 4.42
锈化染料卡片。导电织物老化引起的颜色变化通常被视为一个难题；林恩·坦德勒使这个过程具有了可重复性，并提供一系列纺织成品作为她工作室实践项目的一部分。
林恩·坦德勒。

安娜·皮佩（Anna Piper）
——用第三代智能纤维工作

安娜·皮佩是诺丁汉特伦特大学的博士候选人。她同时采用纺织和服装制造方法，整合手工和数字技术，用传统的手工编织实践和数字编织技术研究具体的知识，并进行设计创新。

安娜·皮佩是一位织造专家，其研究重点是设计和生产织机上的服装。她结合了数字和手工织机技术，创造出充满活力的图形编织纺织品，灵感来自传统的制衣技术以及运动与时尚之间的关系。尤其是，皮佩对全成型服装的制作很感兴趣，这是一种在针织生产中经常出现的术语，但很少在编织中出现。传统上，织机本身决定了一块编织布的剪裁——例如，和服和纱丽；皮佩用电子纤维的初始编织原型进行比较，例如佐治亚理工学院可穿戴主板，或"智能衬衫"（1999年）。她的方法是通过反复处理、近距离和时间来吸收自己对纱线特性的理解，以便通过实践产生设计概念。通过这种方式，她正在构建新型复合纱线在编织方面的专业知识，包括电子纤维，它将避免目前对弹性纤维的依赖。

皮佩作为诺丁汉特伦特大学高级纺织研究小组的一员，与"第三代"电子纤维合作；她使用传统的未经调整的织机进行复杂的生产，合作生产了该集团嵌入式电子纤维的演示器。通过工艺实践，皮佩现在开始构建纤维的具体知识，包括对其约束、功能和预期潜力的理解。她已经开始探索它所适用的图案、比例、颜色和结构，为开发制造商和材料之间展开对话。

她与博士生阿努拉·拉特那亚卡（Anura Ratnayaka）共同开发的演示服装采用了一种新型纱线，其LED尺寸小于整合到其结构中的针头尺寸。这一过程产生了一种智能纺织品，它保留了织物的基本特征，即触觉、柔韧、可机洗，并且能够滚筒烘干。

4.44

4.43

图 4.43
安娜·皮佩正在编织。借助工具和材料实践所获得的知识在这里得以体现。
诺丁汉特伦特大学艺术与设计学院。

图 4.44
安娜的设计过程包括高度风格化的图形草图，这些草图反映了编织的正交性质。
安娜·皮佩。

智能纺织品有限公司

智能纺织品有限公司（ITL）是一家英国公司，由工程师斯坦·斯沃洛（Stan Swallow）和纺织品设计师亚莎·佩塔·汤普森（Asha Peta Thompson）于 2002 年创立。他们专注于减轻产品重量并消除士兵战斗服的设计风险。

该公司最初由布鲁内尔大学生命设计计划的研究资助，该计划为瑞士制造的定制织机支付了费用，通过此资助，汤普森和斯沃洛开发了织物键盘技术。他们从 MOD（国防部）获得了大量的开发资助后，又开始关注现代步兵的要求。ITL 寻求解决的主要问题是，士兵使用的许多不同的电气设备及其相关电源所承担的重量。他们的解决方法包括：在可能的情况下，用布料连接替换电缆，并集中电源，就像在家用电气环网系统中一样。外加的好处包括舒适性、增加的减震性、更换电池所节省的时间，以及设备在同一系统（"个人区域网络"或 PAN）之间共享数据的能力。ITL 通过标准化的车身连接，和复杂的编织纺织品排列方式的创建，来代替电脑印刷电路板的能力，重复设计纺织线束，从而成为多个设备的中央电源单元。ITL 是一个有趣的案例研究公司，该公司已经运营十多年，在媒体上也有很好的记录。汤姆森和斯沃洛不仅就多学科流程、支持业务的不同资金流进行了采访，还对其从学术研究转向商业现实所必需的知识产权谈判做了较为深入的访谈。

4.45

图 4.45
带有织物压力传感器的轮椅罩，用于检测和预防压疮。
亚莎·佩塔·汤普森。

图 4.46
柔性编织键盘。
智能纺织品有限公司。

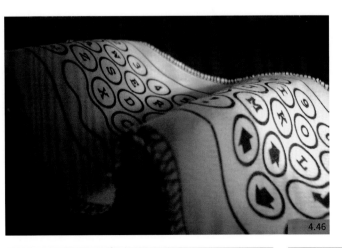

4.46

与传统系统中的捆绑电线相比，二维排布的导电材料能更有效地消散系统产生的热量，MOD 对电磁检测的担忧可以通过集成编织接地网或在施工后与系统分层的屏蔽材料来缓解。这种方法最重要的一个特点就是"冗余"。也就是说，在工程和人机交互中要使用大量的导电通路，而不是只有一条。这样一来，即便发生故障，整个系统也不会受到严重影响。就可用性而言，冗余还意味着为用户构建多种查找信息的方式。在 ITL 的设计中，有 20 到 100 条这样的通道。

多学科交流

汤姆森和斯沃洛遇到的沟通问题并不罕见。他们发现尽管能看到将各自领域结合在一起的可能性，但实际上他们"说着不同的语言"；汤普森表示，他们顽固的个性使它们能够坚持不懈地创造自己的电子和纺织品混合术语。在与其他领域和市场交流工作时，他们也发现了工艺和科学之间的混淆；虽然他们认为自己的工作严谨而复杂，但他们是用木制织布机来工作的，如果要将它推广为"工艺"，实在有些不够格。最强大的交流工具始终是对象本身，尽管这也可能会被误解，因为在客户看来有时它太过幻想，技术的含义也需要时间来理解。

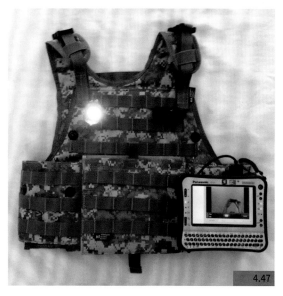

4.47

图 4.47
织物在突击队员（Ranger）背心中的应用。队员可以在背心上灵活地放置多种设备，背心中的导电纤维网格层还能保护士兵不被侦查到。
智能纺织品有限公司。

图 4.48
多功能面料。当导电纱线沿经向和纬向放置时，功率可以垂直和水平传输。
智能纺织品有限公司。

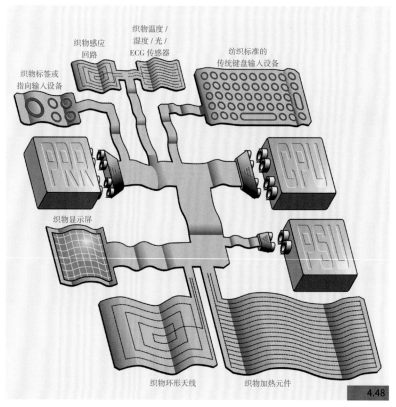

4.48

技术建议

商业模式与知识产权

知识产权的所有权是企业创建的关键。它最初由布鲁内尔大学拥有；2000 年，汤姆森和斯沃洛集中他们所有的积蓄，回购专利权，以便尽可能地开发他们的技术。有了知识产权所有权后，他们认为 MOD 可能想接管这些权利，但事实上他们发现自己很容易与之合作，他们也只对技术应用后的利益感兴趣。汤普森还学会了向客户灌输产品的价值观，并发现为样品收取 500 英镑是实现这一目标的简单方法。这些权利的保护过程非常耗时：两人花了六个月的时间起草了最初的三十页申请书，整个资料搜索和撰写过程非同寻常。现在，尽管他们还在继续起草自己的文件，然后由专利律师检查和归档，但他们每年在知识产权维护上的花费依然高达 4 万欧元。该公司目前拥有 17 项专利，已向《专利合作条约》和欧洲专利局提交申请，也向美国和加拿大提出了申请。

技术信息

通过在织物的经纱和纬纱纤维中精确地组织导电和非导电纤维，能可靠地构建一系列柔性电气部件。人们可以将它们永久分离或永久连接，也可以在对织物施加压力时实现连接。

· 典型的最大电流为 1A 至 5A。

· 热成像测试表明，每安培电流需要大约 10mm 的织物宽度，以保证升温值低于 1℃。

· 织物可以水平和垂直传输电力和 / 或数据，因为在织物的两个方向上都引入了导电通路，并且在编织过程中将其操纵成任意的二维网络几何结构。

· 该技术允许使用"导通孔"（vias）进行双面布线，从而在层之间创建连接。

· 可以在织物表面的任何位置安装电源，也可以连接任意数量的电源切断点。

电子工艺品集
——卡片编织

电子工艺品集是饶米娜·高维诗卡和卡蒂·海帕（Kati Hyyppä）创作的，他们将传统工艺和电子产品结合在了一起。这对夫妇分别位于赫尔辛基和柏林，与人们面对面交流，学习传统的纺织工艺品，并将电子产品作为其中的一部分加以改造。在这个例子中，电子工艺品集展示了如何使用传统拉脱维亚腰带结构中的卡片（或"平板"）来编织。

海帕和高维诗卡受到这种技术的启发，思考传统拉脱维亚腰带的互动可能性。也许触摸可以触发皮带中的微妙反应，或者它可以通过佩戴者的运动获得能量。

他们开始研究具有发光表面的 EL（电致发光）箔，并将其作为经纱进行实验。然而，它比其他线更硬，不容易弯曲或扭曲，很容易折断。进一步的实验包括使用水平式背带腰织机的方法在织物中插入二维 EL，其中每一行的经纱都是手工单独挑选的。这种方法可以改变图案，并在红色粗线之间的图案内创造负空间，为 EL 箔切割留出空间。

图 4.49
平板编织拉脱维亚腰带；各种图案和颜色反映了不同的区域，并与传统服装搭配。
电子工艺品集。

图 4.50
在车身和门把手等固定点之间设置织机。
电子工艺品集。

图 4.51
将日常材料作为工具的卡片编织简单易行。
电子工艺品集。

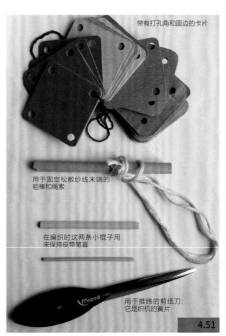

带有打孔角和圆边的卡片

用于固定松散纱线末端的粗棒和绳索

在编织时这两条小棍子用来保持皮带笔直

用于推纬的剪纸刀；它是织机的簧片

这是一种古老的快速制作结实带子的方法。一根将近 13cm 的带子可以在几个小时内编织完成。不需要织机，只需要角上有洞的卡片，以及大约 5m 的绳索。

原始技术学会，改编自巴特和罗宾·布兰肯希普(Bart&Robin Blankenship)，1996

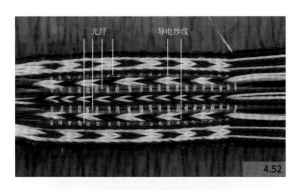

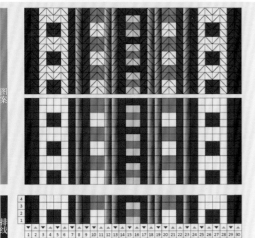

图 4.52 ~ 图 4.56
带电子元件的平板编织。引入了导电纱线（用作拾取电磁波的天线）和光纤（用于光输出）后，拉脱维亚编织带的探索性研究重新诠释了电子工艺品集。

技术建议

编织重复图案的卡片

卡片编织是一种使用一堆卡片作为织机，长纱线穿过该织机的技术。这些经纱可以通过旋转适当的卡片（通常是四分之一圈或半圈）来提升或下降，然后缠绕在梭子上的纬纱穿过。重复此动作，显出图案，完成腰带的编织。

卡片编织所需的工具都是些日常材料。卡片可以用旧纸板制成，将它们切成手掌大小的方块，在 4 个角上都打孔。将纱线的松散末端打结并固定在直杆上——可以是任何东西，比如树枝、断裂的筷子等。根据卡片的旋转方式可以制作出不同的图案（有关这些内容的详细信息，请参阅"进一步阅读"部分），可以使用六边形或其他多边形卡片创建更复杂的图案。这里制作重复图案的方法是，先在同一方向上同时旋转所有卡片四分之一圈，然后在每次转弯后将纬纱穿过梭口。在该技术中，图案的样式是以纱线的穿线方式来完成的，所有卡片的旋转角度均需相等。

您会需要：

· 8 张织机卡。

· 1 个梭子（约 5cm 长）。

· 2 种不同颜色的纱线。

1. 剪断经纱：2 × 颜色 a；2 × 颜色 b，每根约 1.8m 长。

2. 将经纱穿过其中一个织机卡的角孔，保持相同的颜色彼此相邻。

3. 将线分开水平放置，间隔约 1.5m，确保两端牢固。

4. 转动织机卡以创建条纹线。

5. 再剪下 14 根经纱并穿过剩余的 7 张织机卡。

6. 将所有卡片排成一叠，在相同的孔中使用相同颜色纱线。

7. 准备带有几米纬纱的梭子。

8. 将一段纬纱悬挂在一侧，将梭子穿过梭口以便将 8 根绳索固定在一起。

9. 不要将织机卡挤得太紧，将它们一起旋转四分之一圈以形成新的"棚屋"空隙。

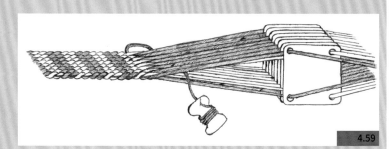

4.59

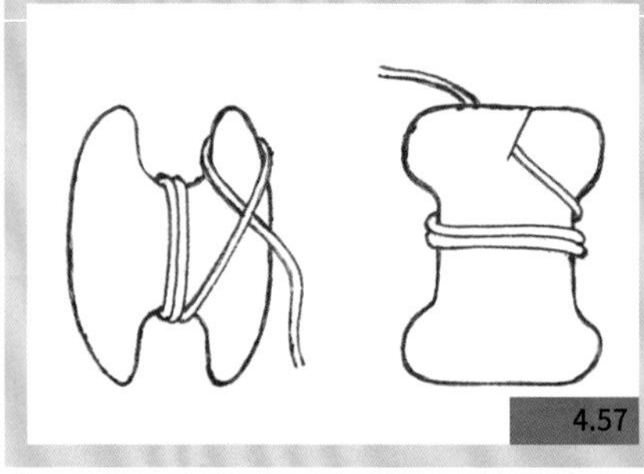

图 4.57
平板编织基础知识；准备纬纱，缠绕卡片后制成梭子。
希拉·列文（Shelagh Lewins）。

图 4.59
平板编织基础知识；经纱和纬纱之间有个空隙，这就是梭口。
希拉·列文。

图 4.58
平板编织基础知识；准备卡片或其他片状物。经纱穿过四个角孔。
希拉·列文。

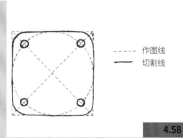

- - - 作图线
—— 切割线

4.57

4.58

专题采访：
乔安娜·贝尔佐夫斯卡（Joanna Berzowska）

乔安娜·贝尔佐夫斯卡是蒙特利尔康考迪亚大学设计与计算艺术助理教授，"六角形"（Hexagram）研究所的成员之一。她是 XS 实验室的研究主管，在那里，她和她的团队正不断开发应用于电子纺织品，以及互动性服装的创新方法和应用。

我清楚地记得 2007 年您在堪培拉"阿纳特里斯金"（ANAT ReSkin）媒体实验室所说的话。在指导 ReSkin 参与者时，您敦促我们瞄准"理念深刻"的目标。能告诉我们一点相关想法吗？

我在这一领域已有 20 年工作经验，在这期间，我与才华横溢的艺术家、设计师们一起，在智能纺织品和可穿戴设备领域首次接触了电子技术，他们也将多年来复杂且具有概念挑战性的作品搬上桌面。他们在材料和物质方面的经验非常细致且成熟。然而，我也亲眼目睹，在他们与电子产品的第一次互动中，他们忘记了他们之前工作的复杂性，而是回到受消费电子产品影响的非常简单的模型之中。他们开始以小写形式考虑"function"，而不是大写的"FUNCTION"。他们多年的概念成就化为乌有，开始用非常线性的交互场景进行简单的工作。我的意思是，我们见过多少"拥抱夹克"（hug jackets）？"拥抱夹克"的理念并不深刻。为什么这些艺

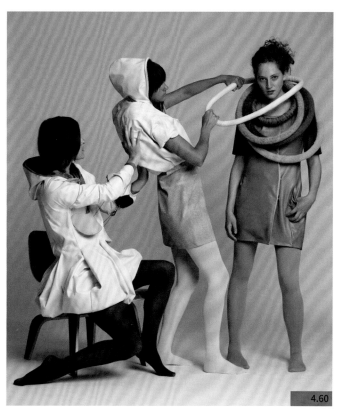

4.60

术家和设计师不参与到政治、困难、有争议或反常的想法中呢？是因为电子应该具有明确定义的"功能"，只能有一种方式来解释相互作用，而不能是非电子元件固有的多视角吗？我们一直有这样错误的信念，认为电子作品只能以一种方式解释，即正确的方式。然而，数字作品也应该具有功能，包括美、快乐、困惑、愤怒、绝望等概念，还能在政治、社会经济、文化或哲学意义上建构属于数字作品的话语。

我在 XS 实验室的项目经常表现出对基于任务、功利性的电子"功能"的关注和抵制。我对"功能"的定义同时着眼于计算技术的重要性及其魔力；它既美观又令人愉悦。我特别关注互动形式的探索，这些形式强调了及物性材料的自然表达特性。我专注于互动的美学，这迫使我不断审视材料本身，并重新构建其相关语境。互动叙述是一个切入点，使我们对设计中使用的技术和材料的一些基本假设提出质疑。

在您自己的工作中，有哪些重要概念？

在过去的 15 年里，我一直对有关记忆（人类和电脑记忆）的问题，我们对记忆和遗忘的需求，以及两者之间存在的对比关系非常感兴趣。无论是通过图像、叙述还是生物数据，我们都倾向于理想化地记录每个时刻，我们还不知道如何从这些庞大的数据库构建意义。服装是我们日常生活中最亲密的事物之一。由于它与身体的密切关系，（非数字）服装能够见证我们一些最亲密的互动；通过收集汗液、皮肤细胞、污渍和眼泪，它能够记录我们的恐惧、兴奋、压力和紧张情绪。它会随着时间的推移而磨损，并承载着我们的身份和历史记忆。如果没有合适的语境过滤手法，我们的数字记忆（电脑"数据"）就变成一个巨大的事实和数字仓库，毫无意义。

我也对编程的潜在重要性着迷。首先，当一种材料整合了计算行为时，我们如何为这样的材料"编程"？我们通过确定复合系统（此例中为织物）中材料的长度、形状和位置来实现这一点。我们先将功能性纤维切割成特定长度，然后将其定位在布料中来对其进行编程，以便实现所需的功能。改变其形状或方向将改变其行为，不仅改变其视觉行为，也改变其计算行为。第二个更深刻的含义是美学和设计语言（形状、颜色或视觉构成等参数）与编程语言是混合在一起的。设计师历来以隐喻的方式"对重要性进行编程"，同时控制物理和美学参数，以产生新形式和新的交互作用为目标。此外，今天的设计师还可以用计算的方式对其材料和对象进行编程，从传统意义上讲，这是一种非物质也非直觉的过程。

概念和技术如何结合在一起？技术以何种方式激发您的理念？

我工作的核心部分是，以软电子电路和复合纤维的形式开发技术、方法和材料，同时探索软反应结构的表现潜能。我的许多电子纺织品创新都是从技术和文化历史中得知的，即纺织品是如何被世代制造的：编织、缝合、刺绣、针织、珠饰或绗缝等，同时使用一系列具有不同机电特性的材料来表现。我对这些材料柔软、有趣、神奇的特点非常感兴趣，以便更好地适应人体的轮廓，以及人类需求和欲望的复杂性。

您在可穿戴技术和互动纺织品方面经验丰富，是否可以谈谈如何帮助学生将硬件、软件以及无形的技术作为材料添加到他们的创意思维中？

我专门为康考迪亚大学的设计和计算艺术系开设了两门课程："有形媒体和物理计算"和"第二层皮肤和软性穿着"。每门课程都涉及物理计算和有形媒体在艺术领域的不同方面。在这两门课程中，我将软计算，以及能与人类产生亲密感应的人工

图 4.61
感应发电机将动能（运动）转换为存储在身体细胞中的电能。
XS 实验室的乔安娜·贝尔佐夫斯卡。

4.61

制品，都被当作艺术品来介绍。我强调记忆的概念（对比电脑记忆和个人解释性记忆），并对很多内容进行了深入探索，其中包括为交互式对象创建新媒体、为建筑空间和对象作评注、留下存在痕迹，以及记录个人历史的方法等。在最近的历史中，一场科学革命重新定义了我们的基本设计方法。导电纤维、活性墨水、光电子和形状记忆合金等材料有望形成新的设计形式和新的使用体验，并改变了我们与物质、技术之间的本质关系。我专注于模拟电子和物质，并将此作为构建更复杂的叙事和互动的切入点。这种教学实践的核心是大力开发一种细致的、个性化的方法来处理电子和物理计算。

您现在对这个领域的哪些方面感到兴奋？（本书其他地方引用了您与马克西姆·斯高博格的合作，例如，第一章图 1.11 和图 1.12。）

我对功能纤维的未来发展非常感兴趣，也会围绕"自我量化"领域的所有问题展开研究。在过去的 5 年里，我一直与马克西姆·斯高博格教授合作开发新一代复合纤维，它能够直接利用人体的能量来储存能量，或利用能量的变化来改变自己的视觉特性。核心技术创新包括将此功能完全转移到光纤本身。这个名为"卡玛变色龙"（Karma Chameleon）的项目的目的是开发一种可以利用、感知和展示能量的全纤维纺织品原型。从概念上讲，这构成了从具有集成机械电子的纺织基材的主导模型，到完全集成的复合基材的根本偏离，其中纤维本身利用人类产生的能量，将能量直接储存在纤维内，并且使用该能量来控制基于光纤的致动器（例如光纤照明和颜色）。

与此同时，我一直与蒙特利尔的初创公司"奥姆信号"（OMsignal）合作，致力于开发专注于健康和福祉的可穿戴技术产品。为了满足我们社会日益增长的生活平衡需求，我们的第一款产品是一件衬衫，它通过纺织传感器追踪各种生物信号，并提供各种引人入胜的生物反馈，以帮助改善人们的幸福感、增加自我认知，并减轻压力。

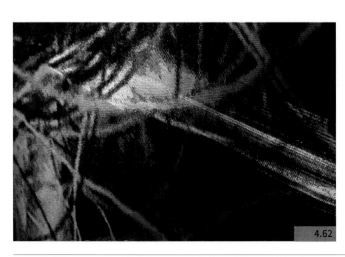

图 4.62
"闪光织物"（Sparkle Textile）。光在光纤中传播和反射，当"闪光"面板响应光的角度和强度不同时，也会显示不一样的图像和颜色层；通过控制引导光（通过光纤的）和环境光的相对强度，可以动态地改变颜色。
照片：乔安娜·贝尔佐夫斯卡和马克·比尤利（Marc Beaulieu）©XS 实验室，2010。

图 4.63
"闪光连衣裙"（Sparkle Dress）。这项作品是由乔安娜·贝尔佐夫斯卡，玛格丽特·布罗姆利（Marguerite Bromley）和马克·比尤利共同完成的。这些饰片是在电脑控制的电子提花织机上织成的，由棉、亚麻和PBG纤维制成，当环境光照射时，这些纤维反射一种颜色，而当透射白光时，则显示出不同的颜色。
照片：乔安娜·贝尔佐夫斯卡和马克·比尤利 ©XS 实验室，2010。

刺绣开关
泰莎·阿克蒂（Tessa Acti）
——发射机/接收机

泰莎·阿克蒂专门从事数字刺绣设计，并曾在英国资源中心（UK Resource Centre，简称UKRC）资助的项目中担任研究助理，该项目旨在开发2010年至2013年间用于高频通信的刺绣电子天线系统。

阿克蒂的研究生工作促使她进行了一种基于多头刺绣机极限的创造性实践，所使用的缝线长达半米。通过广泛的实验和分析，她开发了一种工作方法，质疑了商业生产机器的开创性价值。她的方法明确地展示了制造商，以及与其技术相关的宝贵的隐性知识，比如多头工艺、数字刺绣技术、纱支和织物以及它们如何与生产机器相互作用等。正是这些知识为拉夫堡大学蒂拉克·迪亚斯教授和电气与电子工程系进行的为期三年的合作研究计划提供了有用的帮助，他们为军队、搜救队和救援队以及紧急服务部门创造了功能性刺绣天线。

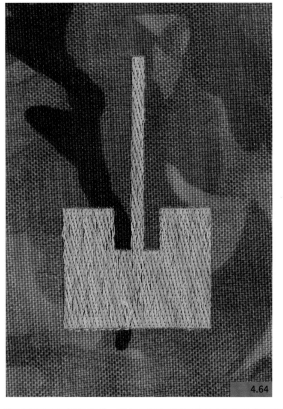

图 4.64
刺绣天线。这些创新是针对现有标准技术进行测试的。拉夫堡大学测试了织物天线与铜贴片天线相比后的增益和效能。不同的针脚几何形状呈现出不同的技术效果。拉夫堡大学和诺丁汉特伦特大学。

图 4.65
刺绣天线开发。拉夫堡大学。

4.64

4.65

技术建议

在整个工作过程中，阿克蒂阐述了她的方法论和技术见解：

方法

· 技术人员享有特权，他们可能是探险家或设计师，而不是艺术家。技术人员有时间享受技术。

· 生产是一个感官过程；在与机械部件和软件的有趣互动过程中，数码便具有了创造性价值。

· 手工技能是良好数字实践的基础，可以促进个人发展。

· 纺织机械和软件有不同的局限性。

· 关于什么是"功能"，不同的实践有不同的标准和语言。

· 错误并不总是人为的，"数字"并不能保证结果的准确性。

· 工艺意味着消极因素可能会在探索阶段变得积极，并且可以创造和解决挑战。

· 然而，很难记住这个事实，即工艺知识并不是微不足道的。

技术

· 作品的美学影响刺绣功能，反之亦然，需要反复试验。

· 针脚密度、位置和缝制速度都是影响织物天线功能的变量。

· 银线或铜线在无线通信方面最为成功（并且已经商用），但它们并非为刺绣而设计。

· 必须调整机械装置或省略一些纱线。

· 数字化时通常不会有装饰品，但这里需要保留，这样就能把非导电边缘附着到服装上。

· 机器在生产中发挥作用后，操作仍在继续。

· 生产面临的挑战包括导电性、纱线的电磁特性、纱线特性、金属针和针头损坏等。目前纱线在自动化生产中的电磁特性可能带来什么影响，尚不清楚。

饶米娜·高维诗卡（Ramyah Gowrishankar）和尤西·米克库（Jussi Mikkonen）——具有柔性基板部件的CAD刺绣

饶米娜·高维诗卡是博士生，也是阿尔托大学表现设计（Embodied Design）研究小组的一名成员，而尤西·米克库则是交互实验室主管。饶米娜和尤西一起组建的纺织品互动实验室，是2013年Arcintex网络研讨会的一部分，在实验室中两者共同完成了实验项目。

在图4.66中，这个作品的表面贴装了电子元件（光传感器、电阻器、LED），它们被焊接到印刷铜的柔性基板上。设计师先裁剪好尺寸，再用织物胶水将其固定到设计上。当他们把相同的轮廓形状当作可以放入刺绣CAD文件中的元素时，也就意味着，电子设备可以成为刺绣设计的一个组成部分。准备好正确的成品文件后，再将导电纱穿过的多传感头缝合到基底中，最终形成一个缝合电路。

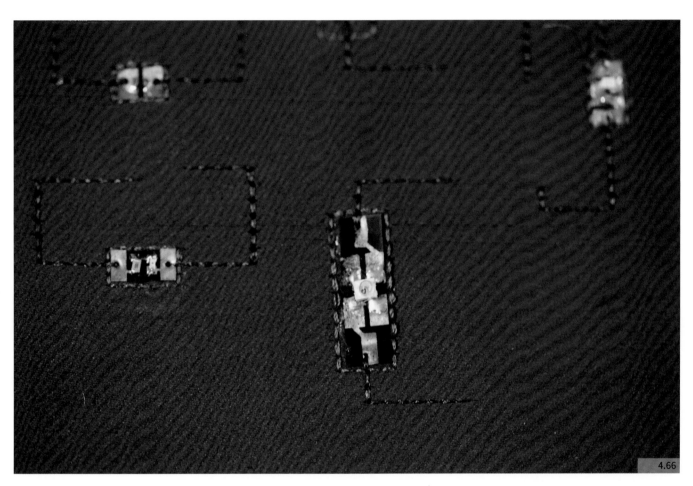

4.66

图 4.66
使用数字刺绣系统缝合自定义电子元件。电子元件安装在薄的柔性材料上，可以通过刺绣机缝合。
饶米娜·高维诗卡。

纸样裁剪和面料操作
案例研究：罗斯·辛克莱（Rose Sinclair）

罗斯·辛克莱是一名设计师、实践者、教育家，她认为自己是"多元设计师或混合设计师"，她总是将其他设计学科的不同元素运用到她的创作实践中。她在伦敦的金史密斯大学任教，并与缝纫机专家"兄弟（英国）"（Brother UK）公司、法兰克福时装软件公司"速步"（SpeedStep）和英国热压专家"阿德金斯"（Adkins）公司等合作。

辛克莱对两方面内容很关注，一个是工艺的模拟实践（在本例中为针织）与技术实践（在该例中为编织机和相关 CAD 软件）之间的关系；另一个是对从业者来说，模拟语言层面和数字接口语言可以在各个方面被共享、镜像以及重释。她还对新兴的实践社区以及如何在其中交换知识和实践感兴趣。

她推荐了兄弟（Brother）牌数字化产品；您可以在维基百科等网站上找到刺绣数字化包的比较。因为该系列的所有刺绣机都可以使用相同的软件包，还可以使用标准的 industry.dst 格式创建设计文件。设计师可以在机器上调整自己的设计思路，重新定义大小，重新设计，甚至直接在图形输入板上绘制，然后直接传输到机器上。有些型号还具有"打印和缝合"功能，它们可以将印刷背景与刺绣相结合，创造出三维立体效果。

4.67

4.68

图 4.67
对服装结构进行重复性面料操作。用这样的方法探索了面料的特征以及它们对服装形式的影响。
罗斯·辛克莱。

图 4.68
服装结构中的织物处理。
罗斯·辛克莱。

辛克莱在工作室实际处理织物时，会从纸样裁剪开始，每次只用一种技术，例如使用镖形物时，可以把它看作轮廓和三维成型的一种形式，也鼓励对现有材料进行结构处理。使用 Bondaweb（一种熨烫热转印胶面料胶水纸）和其他有重量感的面料接口时，会结合面料的面密度类型特点、在 1：5 比例纸样上的重复度，以及悬挂后的效果，对外形进行反复试验。她要求使用照片和视频直观地记录学习和设计过程，并探索表面纹理和颜色。只有体验这些之后，学生或客户才会了解服装及其他三维结构的制作方法，为人类身体或其他空间的纺织品开发带来新的机遇。

实验和方法

1. 使用不同的面料制作镖形结构，体验它们各自的面料特性，并寻找解决方案。例如，欧根纱与羊毛毡的效果就完全不同。

2. 使用激光切割、模切机或乙烯基切割机器（配有纺织刀片）等工具构建有趣的层关系，以此来影响结构。

3. 使用手工雕刻或数字印刷模板（在数控机床上切割）来创建您自己的雕版模具。

4. 使用乙烯基切割机打印出印刷用版样；从传统的日本手工切割模板中汲取灵感。

5. 将刚制作完成的版样，配合裸导体，进行丝网印刷或雕版印刷，再结合其他电子纺织技术和材料，创造富有表现力的电路造型。

6. 采用相同的设计，根据不同的设备界面对项目进行调整，比如，调整成数字刺绣、激光、木板切割机、乙烯切割机、针织机、纺织软件等，会有哪些变数或挑战呢？

迪莉娅·杜米特雷斯库（Delia Dumitrescu）
——建筑方法

迪莉娅·杜米特雷斯库在攻读"相关纺织品：空间设计中的外观表达"专业的硕士和博士之前是一名建筑师。她在瑞典布罗斯大学完成博士研究的过程中承接了许多合作项目，比如将热量、光线和运动作为空间设计材料的项目。

杜米特雷斯库描述了与安娜·佩尔森、汉娜·兰丁和安娜·沃格达合作的方式，他们在创作中有目的地相互"干扰"。对于杜米特雷斯库来说，结果是得到了一系列具有反应和互动特性的针织样品、一个旨在激发建筑界的"材料库"，以及一个生产所需的技术知识库。她对结构和外观表现之间的关系很感兴趣，她尝试用针织物创造三维结构，通过毛毡、导电纱线的使用以及 Pemotex 等不同纱线的操作来改变材料。Pemotex 是一种可以在柔软的情况下编织，然后通过加热来收缩的材料。

通过这些操作，织物从二维变成三维，以多种方式进行光传输和人际间互动。尺度、图案和纹理都随之发生变化，这一系列不同寻常的表达方式都可用于空间设计。杜米特雷斯库认为针织在建筑领域的潜力巨大，它和梭织是完全不同的，比如，针织就非常适用于三维结构，但正如她所指出的那样，建筑学科可能还不知道两者的区别。针织在其流动易变性方面也有极好的潜力——织物可在织造过程中动态形成，而梭织物则需要符合织机的参数和预定（且耗时）的经纱设置。因此，三维针织物可以按订单制作，并且无需在完成时进行切割。它是一种创造性的、素描式的过程，甚至像卡费·范赛特（Kaffe Fasset，面料设计师）声称的那样，是一种"绘画"过程。

图 4.69
触摸环。Pemotex 是一种阻燃熔化纱线，这意味着所构造的纺织品可以通过热处理加固：可以尝试使用热风枪、烤箱或熨斗。
迪莉娅·杜米特雷斯库和安娜·佩尔森。

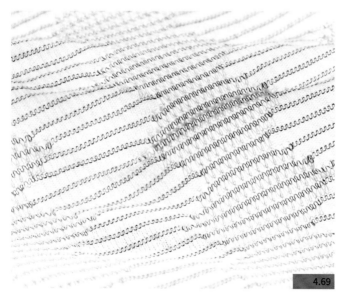

4.69

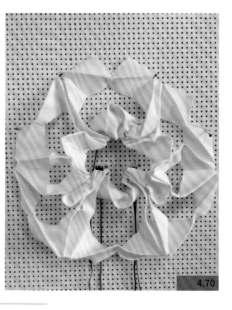

4.70

图 4.70
动态的织物形式。探索可以应用于从表面构造到交互环境的新动态材料，以了解它们的空间设计表达可能性。
迪莉娅·杜米特雷斯库，汉娜·兰丁，克里斯汀·莫尔（Christian Mohr）。

在布罗斯大学期间，杜米特雷斯库已经能够在那里操作很多机器，这些机器操作方法不同，功能也略有不同。大型圆机编织硬质材料，用日本 Shima Seiki 和德国 Stoll 机器操控金属纱线；Shima 机器特别灵活，有利于三维塑型。

杜米特雷斯库与费莱西亚·戴维斯（见本书第 188 页）合作设计了一套建筑装置，包括一系列在圆机上生产的大型管材，目的是展示如何在织物编织后引入图案，但关键结果之一是了解大规模针织物的张力变化。为了考虑到这一点，再次对机器进行了编程，但结果表明，较小规模的模型制作并不能完全解决较大空间的设计所需的技术问题。比如小规模设计中的导电回路在较大空间应用时，不应该接触的地方相互接触了，从而产生短路，交互也发生故障，需要增加电流，而这就需要重新设计电路，重新考虑所涉及的距离和增加的电阻。

技术建议

案例"触觉发光"（Tactile Glow）的某一面外观是用带有图案的针织三维结构来完成的，设计师将它替换掉了原本的二维结构。从前片到后片之间的针迹变化让织物成型，在成型过程中，单方向减少和增加针脚也起到了作用。作品使用的是联锁结构。展平时为矩形，每个矩形沿着对角线分成较小的三角形。在该工艺中，每个三角形都在前片的互锁编织时形成，而分割线则是在后片上以平纹的方式编织的。每一条用针密密缝成的分割形状的线条都是一个小的平纹区。这些区域密度较小，穿过这个区域的背景光能够在织物表面形成光影差异。两条柔软的 Pemotex 纱线编织在一起构成了整体外形。在编织时，纱线是柔软的，能够在不破坏环形物的情况下执行精确的针脚转移。针织完成之后，将织物在100℃下热压，使其收缩 40% 并硬化，呈现出与非织造织物类似的特征。随后，沿着分隔线折叠织物并再次热压，以使其保持三维形状。

4.71

图 4.71
动态的织物形式。不同的编织结构随着可编程伺服电机的使用而得到了扩展，同时引发其运动效应。
迪莉娅·杜米特雷斯库，汉娜·兰丁，克里斯汀·莫尔。

费莱西亚·戴维斯（Felecia Davis）和微软（Microsoft）
——织镜以及大数据的有形可视化

费莱西亚·戴维斯是宾夕法尼亚州立大学斯图克曼设计与计算中心的助理教授，也是"柔软实验室"（SOFTLAB）的主管。她是麻省理工学院（MIT）的博士候选人，是设计与计算小组的一员。

费莱西亚·戴维斯是一名建筑师，她尝试使用织物界面来探索我们与室内空间的关系。她的织镜（Textile Mirror）通过改变表面纹理来回应一个人的情绪。其目的是反映人们当前的情绪，如果他们有压力，可以将织镜的质地变得更为平静，以此来帮助他们放松。织物表面用激光切割毡制成，沿接缝用的是绝缘镍钛诺线。在他们的学术论文中，费莱西亚和她的合著者声称"镍钛诺是镍和钛的组合，可以在482℃下熔炼成型。熔炼后，金属可以冷却并展开，再用吹风机加热就将使电线变成我们想要的形状"。对于这样的设计，毛毡很有用，它可以快速成型，且不需要处理边缘。它触感柔软，耐热性相对较高，如果要使用像镍钛合金那样具有热响应性的执行器，这一特点非常重要。在这个设计中，毛毡被放置在镍钛诺上；您也可以尝试使用不同厚度的工业毛毡，在上面刻上凹槽来改变设计结构。一些设计师发现，毛毡的重量会影响电线返回其原始位置的速度。在织镜的创建中，镍钛诺线需要用热缩管保护，随后用激光切割毛毡，最后再用缝纫机将两者缝合起来。

图 4.72
织镜细节；激光切割毡
与形状记忆合金丝。
费莱西亚·戴维斯。

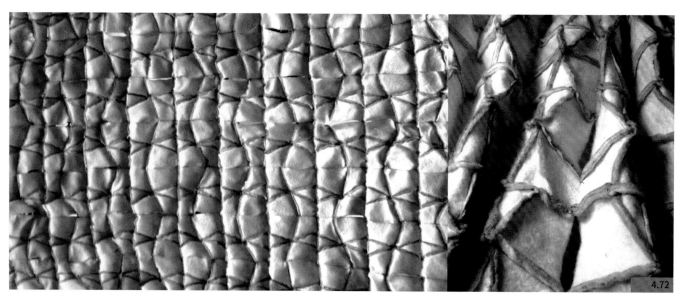

4.72

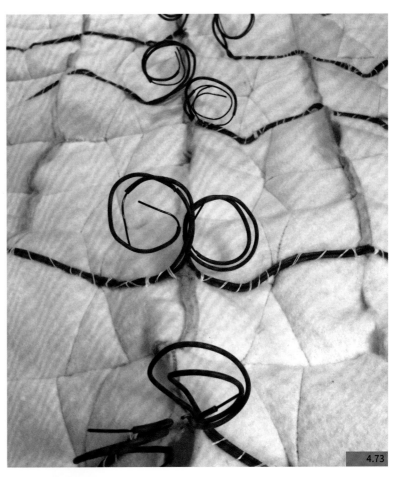

4.73

图 4.73
毛毡中的镍钛诺丝。电线已经铺设在织物表面上。
费莱西亚·戴维斯。

技术建议

直径为 0.762mm 的镍钛诺记忆丝被用作毛毡织物的致动器，因为它能够在不使用马达的情况下改变形状。我们需要将电线在 500℃ 的陶瓷烘箱中的钢夹具上熔炼 10min，等其在烧制箱中缓慢冷却至室温。只有缓慢冷却才可以在随后的使用中用较少的电流来驱动，从而保持电线在驱动时的低温状态。本例中的图案使用的是 35cm 的导线，设计师将它环绕在夹具上以使其成型，所运行的电流介于 2A 到 3A 之间，最高为 3A。

玩转其他组件
案例研究：帕拉·唐格娜（Paola Tognazzi ）

帕拉·唐格娜是艺术家，也是物理互动设计师；她在米兰的 IED（工程设计师学会）学习工业设计，在博洛尼亚大学学习哲学，并成立了她的公司 Wearable Dynamics（可穿戴动力学），旨在设计开发符合人体工程学的全身界面，并进行交互。

"我的研究主要集中在如何制作适合移动的 3D 打印服装，穿着后能对人体动作做出反应。为此，我使用了我在 Wearable Dynamics 公司开发的交互式工具，通过该工具，我探索了使用声音和视觉来导航，以及使用佩戴者的"动态数据"创建个人亲密环境的方法。在埃因霍温理工大学可穿戴感官系，我开展了一项基于身体的 3D 打印时尚研究：比如，如何使用 3D 打印技术制作可穿戴服装，在使其能够反应和适应身体运动的同时，也让穿着者通过自己的个人动态参与到造型设计上。这个设计也被荷兰时装设计师宝琳·范东恩（Pauline van Dongen）整合在她的夹克设计里。"

"在调查过程中，我首先分析了 3D 打印材料与佩戴者运动状态之间的连接方法；第二步是如何设计 3D 打印物的形状，这将改变与身体动力学相关的 3D 打印材料的方向、厚度、体积，以及结构特征。通过分析纺织品设计的几何特性，使用加工代码中的工具，我推断出织物的不同功能和反应行为，这些功能行为与运动或静止状态下的身体动力学有关。"

我是怎么做到的？

"第一步是开发一种能对运动做出反应的样品。为了正确地对织物进行样本设计，我使用了一种'动觉相对论'或一种本体感受方法，以便将动力学数据与设计机制进行沟通和结合，也能在材料中嵌入'触发器'。通过在芭蕾和芭蕾编舞中的应用，我开发出对不同方向的推拉做出反应的样本设计仿真体，随后我们就可以改进样本，随之改变织物的行为。这是通过物理探索技术和低技术构建原型来测试完成的。"

图 4.74
"动态数据"智能材料的开发。身体在原型开发和评估中起着核心作用。
帕拉·唐格娜。

4.74

"设计的第二步，我使用了代码。在 Processing 中，我从头开始编码，然后将代码连接到'Wearable SuperNow'工具上，这是一个用于现场表演和安装的交互式多用户工具。它使用 iPhone/iPod、Touch 或 Wii 作为 W_dynamics 系统的控制器，可以跟踪和分析运动数据，并将其转换为交互视听设备。有了这个后，我又根据身体运动方向的变化测试了织物设计的行为变化。该过程的设计部分在 Processing 中完成。由于 Object 5003D 打印机需要特定的格式文件（即 .stl），我们要用 Grasshopper（一种编程软件）重新设计并创建 .stl 文件，以完成样本的 3D 打印。"

Processing 和 Grasshopper 有什么区别?

"Grasshopper 特定于 3D 打印，在建筑设计中使用较多。Processing 则用于交互式安装，因为它是纯粹的代码语言；可以将它用于几乎所有地方，也可用于 3D 打印。它最初是一个简单的 Java 版本，允许艺术家编写和创建快速原型，但现在也被工程师使用。在 Processing 中，必须通过编写代码来构建所有内容，这虽然需要更多时间，但也能让您更好地控制和理解自己的工作内容，最重要的是，您可以真正将自己的个性融入到工作中。Grasshopper 不使用书写语言，而是使用连接盒（如 Max 和 Pure Data）——首先在 Rhino（专业 3D 造型软件）中绘制形状和外观，然后将它们导入 Grasshopper。设计过程中，需要同时在两个界面视窗之间切换，个人感觉这不是很合理。Grasshopper 的处理能力也较低，如果文件中有很多元素，它会变慢并且很容易造成系统瘫痪。因为不需要对图纸进行编码，所以这样做要快得多，但如果需要对构图做出特定的改变，就不那么容易了。我不是 Grasshopper 的专家，所以我不能说这是不可能的，或者也可能只是体验方面的问题。考虑到这点和时间的限制——此项目研究期很短，所以我坚持使用 Processing。根据我了解到的情况，似乎 Grasshopper 有很多随机性，可以用它来制作引人注目的设计作品，但也由于这种随机性，我很难对它的结果进行明确的判断。这也是最棘手的部分——如果我们制作的目标是可穿着的服装，那就必须适合身体的移动并具有动态效果，随机性是行不通的。"

在制作开始前，我们举办过一个 Grasshopper 研讨会，当我们向老师介绍我们想要的设计想法时，老师说的第一句话是：如果您已有一个明确的设计稿，Grasshopper 就不适合您。所以我想，目前的 Grasshopper 只能用作原始草图设计（原始意味着不精确，也不具体），但这并不意味着不漂亮。

帕拉·唐格娜，http://www.wearabledynamics.com

波利亚娜·科莱瓦（Boriana Koleva）
——纺织品交互设计的美学规范

波利亚娜·科莱瓦是英国诺丁汉大学人机交互（HCI）领域的研究员，并且一直在开发"美学颂歌"（Aestheticodes）概念。在证明可识别的视觉代码可以是条形码或二维码之外的对象之后，她开始在不同材料（包括织物）上试验 Aestheticodes。

图 4.75 中的图形是可以用智能手机识别的代码结构，其上加载了 Aestheticodes 应用程序。开发人员将决定代码被识别时所发生的情况——在 Busaba Eathai 餐厅的设计试验中，餐垫上的图形代码在线连接季节性菜单和每日菜单，而空盘上的代码则向服务员发出买单的信号。这些可视化代码内置于更大的产品服务系统中，还需要与利益相关者商榷后一起设计。

当使用其他材料制作这些代码时会出现一些新问题，研究团队仍在研究这些问题。例如，陶瓷板的眩光会干扰识别，织物表面凸起的阴影，以及加入颜色后的色彩对比度等问题。线路质量很重要，相机的质量也与图案的分辨率有关。最近设计师们对原始平面设计的蕾丝图案款式进行了探索，引出了织物结构的新设计问题——先前的白色区域在蕾丝织物中变成了缝隙。我们可以用网格背景来解决这个问题，这样，这些缝隙就不会被相机"看见"了。

图 4.75
Aestheticodes 的平面设计。视觉识别代码可以成为图形设计的一部分，虽然它们对肉眼来说不太明显，但仍可通过照相手机读取。
熏·帕里（Kaoru Parry）。

4.75

4.76

图 4.76
Aestheticode 刺绣与智能手机应用程序。该应用程序正在搜索刺绣图案中的可读代码；代码可以与诸如网页之类的在线内容相关联，组合物理和数字体验。阿 曼 达 · 布 里 格 斯 古 德（Amanda Briggs-Goode）和泰莎 · 阿克蒂。

技术建议

要创建自己的 Aestheticode，需要下载应用程序——最多可以编写 5 个不同的代码。如果想要在程序中绘制图形代码，必须遵循线条、空格和标记等系统要素，这些都是软件想要的东西。使用一系列数字描述代码，例如，4、3、3、3、2。这意味着图形中有 5 个空格，这 5 个空格全部都连接到一条连续线上，其中有 4 个、3 个、3 个、3 个和 2 个标记。

1. 复制图 4.77 中的简笔画，并在区域内标记。如图所示。

2. 区域内的标记被转换为代码 1：1：1：1：2。

3. 要进行故障排除，请检查包围空格的外线之间的空间以及空间内的标记——如果距离太近，手机上的相机可能无法"看到"它们，您也不能离开任何空白区域。

4. 尝试为相同的代码绘制不同的图形。

4.77

图 4.77
简单美学 1：1：1：1：2。视觉识别代码遵循连续线、封闭空间，以及和这些空间内的标记数字有关的规则。

耶米·奥维西（Yemi Awosile）
——声振动

耶米·奥维西拥有皇家艺术学院的硕士学位；她将织物和材料流程转换成文化见解，并从中获取创作灵感。作为伦敦制造研究所中一个有意思的工作坊负责人，她带领一组研究人员进行木材、橡胶、织物、塑料和纸张方面的试验，还带来了 Technology Will Save Us（技术将拯救我们）公司的线、针和一组小型扬声器套件。

不同的织物对声音传播的效果不同。织物的结构、重量和纤维的组成都对其声学特性产生影响。如何将织物与结构联系在一起呢？如果想要有意识地提高音量，锥形和圆柱形结构的不同会直接影响结果。

4.78

图 4.78
声学振动车间，制造研究所。当振动发生在每秒 20 ~ 20 000Hz 或这个周期内，我们会听到声音。将振动扬声器接触到其他表面时，这些振动就会传递出去，不同形式和材料"听起来"不一样。耶米·奥维西。

图 4.79 ~ 图 4.80
声学振动车间，制造研究所。耶米·奥维西。

4.79

4.80

技术建议

购买一个 Technology Will Save Us 公司的扬声器套件，并将其插入 MP3 播放器。根据下列顺序操作：

1. 用电子元件构建自己的定制放大器，然后再设计一组可以容纳它的扬声器。

2. 将激振器连接到放大器上，探索它将任何材料都转变为共振表面的方法。试验一下不同的尺寸、形状和材料，看看您最喜欢的乐队如何通过纸张或塑料发出声音。

3. 您不仅要学习如何焊接，还要开始了解电路的工作原理以及每个组件的作用。在不同材料上测试激振器时，可以探索声音的一些原理。

4. 可以尝试各种材料，比如从木材到亚克力，从谷物盒到气球。用它们来设计和构建一个定制扬声器，以满足自己的需求！

然后将您的游戏延伸到面料上，思考声音在纺织系统中的作用。将小型扬声器置于各种织物的内部或后方，听听它们不同的效果。想想它们在身体上是如何被控制的，它们可能会表达些什么呢？

当然，织物也可用于抑制声音。飞利浦正在与"瓦克德拉特"（Kvadrat）合作开发室内软音面板，以管理音质和音量——织物绷紧后包裹在铝框架外，并以具有中等声学性能的泡沫作为背衬。我们可以在市面上购买到这类具有不同声学和视觉特性的面板，可以把它们应用于会议室、大型公共场所，比如机场休息室或者酒店内部等。

伊芙·吕蓓尔（Eef Lubbers）
——制造热致变色纤维

伊芙·吕蓓尔是埃因霍温理工大学工业设计系的硕士生。她受到启发，创造了自己的热变色纱线，并正在开发用它们编织动态变色织物的方法。

为了手工制造这些纱线，吕蓓尔先找到了合适的市售编织圆纱；然后，她将一根导电纤维穿过其中，形成一个可以用足够高的电流加热以产生电阻和热量的磁芯。通过用不同的热致变色墨水涂抹纱线外表面，可以使纱线改变颜色。与更常用的热变色印花技术相比，变色纱可用于构造开放式的纺织结构，如蕾丝。

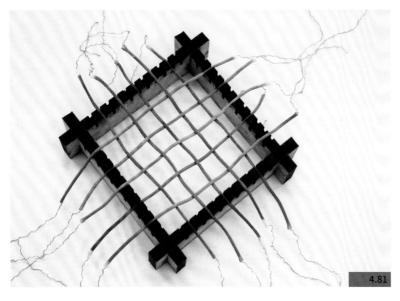

4.81

图 4.81
编织变色纱线。吕蓓尔构建了一个框架，
用于改变其变色纱线的成分。
伊芙·吕蓓尔。

玛丽娜·卡斯坦（Marina Castán），杰拉德·卢比奥（Gerard Rubio）和米格尔·冈萨雷斯（Miguel González）——可穿戴时尚乐团

玛丽娜·卡斯坦是巴塞罗那高等设计学院（ESDi）服装和纺织品的教授和研究员。杰拉德·卢比奥是一位巴塞罗那设计师，他致力于开放资源、3D打印和针织技术的交叉领域。米格尔·冈萨雷斯是时装设计师、教师和高等设计学院趋势与时尚（巴塞罗那高等设计学院设计理论与发展系）小组的成员。

可穿戴时尚乐团有5种舞蹈服装，它们是一组乐器。乐团里的每个人都有独特的声音，每个佩戴者都可以成为音乐家。作品通过嵌入服装的简单电子系统，直观又动态地把舞蹈、音乐和时尚融合在了一起。

乐团是声音拥抱者项目（Gerard Rubio、Cristina Real、Sara Gil 和 Gerda Antanaityte）的演变，在该项目中，织物通过身体运动的拉伸变形而产生声音。它与 Arduino 平台协同工作，将身体运动（通过由导电线制成的传感器）转换为通过嵌入衣服中的4个扬声器发出的声音。

4.82

图4.82
时尚乐团。服装中的织物拉伸传感器发送变化的数据信号，并将其转换成可由舞者"执行"的声音，最终输出。
玛丽娜·卡斯坦、杰拉德·卢比奥和米格尔·冈萨雷斯。

技术建议

每件服装都包含一个由导电线（不锈钢纤维）制成的针织拉伸传感器，设计师专门创造了一种将其连接到氯丁橡胶上的管子。传感器的面料与服装相同，这样，我们能够将拉伸传感器和电线保持在衣服内的正确位置。带有锂电池的 Arduino Fio 微控制器放置在肩部之间一个由间隔织物制成的口袋内，将舞者与电子设备隔离，让皮肤感觉良好。该项目最困难的部分是创建 WiFi 网络，我们要把它们连接到生成声音的电脑上。无线通信模块（XBEE）是我们用于每件服装的设备，它可以帮助我

们创建可靠、快速（实时）的数据传输。
Arduino Fio 实际上是一个没有安装编程设备的 Arduino 控制器。前者比后者更小也更便宜，意味着您可以在每件衣服或您设计的其他物理"节点"中留下一个模块，以形成无线网络。由于编程设备不在其上，从 Arduino IDE（集成开发环境，计算机上的草图界面）加载程序在开始会稍微复杂一些。您可以使用有线或无线方法，Cytron（一个网站名）提供了实现这两种方法的全面教程（请参阅建议阅读材料）。

本章小结

本章旨在激励您将自己的纺织工艺与技术挑战联系起来。这里的许多作品提供者都是研究生或年轻的研究人员，他们慷慨地分享了他们的实验方法及见解。该领域仍在发展中，像您这样的创作者还有很大的空间可以进一步发展。

推荐阅读

沃彬 (Worbin)

Berzina, Z. (2004), "Skin Stories: Charting and Mapping the Skin: Research Using Analogies of Human Skin Tissue in Relation to my Textile Practice," PhD thesis, University of the Arts, London.

Kooroshnia, M. (2015), "Creating diverse colour-changing effects on textiles," Licentiate thesis, University of Boras, Studies in Artistic Research No. 11. Available online: http://bada.hb.se/handle/2320/14363 (accessed 8 April 2015).

Worbin, L. (2010), "Designing Dynamic Textile Patterns," PhD thesis, University of BorasStudies in Artistic Research No. 1.

奥维西 (Awosile)

Kvadrat Soft Cells on the Philips site:

http://www.largeluminoussurfaces.com/luminoustextile

Reading Materials workshop documentation:

http://vimeo.com/user10683076

Supplies and basic steps:

http://www.techwillsaveus.com/

Yemi Awosile's website:

http://www.yemiawosile.co.uk/

凯特蕾 (Kettley)

Creative Materials (2007), "Flexible Electrically Conductive Adhesive," available online: https://server.creativematerials.com/datasheets/DS_124_33.pdf (accessed 8 April 2015).

Engineered Conductive Materials (2010), "Membrane Switches," available online: http://www.conductives.com/membrane_switches.php (accessed 8 April 2015).

Munich University of Applied Sciences (2011), "Ducky in the Dark—Interactive Book," available online: http://www.the-interactive-book.com/components.html (accessed 8 April 2015).

Sparkfun (2015), "Voltage Dividers," available online: https://learn.sparkfun.com/tutorials/voltage-dividers (accessed 8 April 2015).

Sparkfun (2011), "Force Sensitive Resistor Round 0.5," available online: https://www.sparkfun.com/tutorials/269 (accessed 8 April 2015).

Starting Electronics (2013), "Measuring DC Voltage using Arduino," available online: http://startingelectronics.com/articles/arduino/measuring-voltage-with-arduino/ (accessed 8 April 2015).

婕 (Jie)

21st Century Notebooking. Available online: http://www.nexmap.org/21c-notebooking-io. (accessed 8 April 2015).

Bare Conductive. Available online: http://www.bareconductive.com/. (accessed 8 April 2015)

Carter, D. and J. Diaz (2011), *The Elements of Pop-Up: A Pop-Up Book for Aspiring Paper Engineers*, New York: Simon and Schuster.

Jie, Q. and L. Buechley (2010), Electronic Popables: Exploring Paper-Based Computing

Through an Interactive Pop-Up Book, TEI' 10, January 24 - 27, 2010, Cambridge, Massachusetts.

Jie, Q., (n/d) Circuit Stickers. Available online: http://technolojie.com/circuit-stickers/, and https://www.crowdsupply.com/chibitronics/circuit-stickers. (accessed 8 April 2015).

霍奇 (Hodge)

Jo Hodge (2013), "Joprints," available online: http://joannehodge.co.uk/ (accessed 8 April 2015).

格莱滋 (Glazzard)

Glazzard, M. and P. Breedon (2013), "Exploring 3D-Printed Structures Through Textile Design," in *Research Through Design 2013 Conference Proceedings, 3–5 September 2013,* 51 - 54, Newcastle upon Tyne and Gateshead: Baltic Centre for Contemporary Art.

Glazzard, M. and P. Breedon (2014), "Weft-knitted auxetic textile design," *Physica Status Solidi (b)*, 251 (2): 267 - 72.

Kettley, S., *Aeolia*. Available online: http://sarahkettleydesign.co.uk/2013/02/20/aeolia/ (accessed 8 April 2015).

Kettley, S. & M. Glazzard (2010), "Knitted Stretch Sensors for Sound Output," extended abstract, *Proceedings 4th International Conference on Tangible, Embedded & Embodied Interactions*, Massachusetts Institute of Technology, Boston,.

佩尔森 (Persson)

Dumitrescu, D. and A. Persson (2009), *Touching Loops*, exhibited at Responsive by Material Sense, Hanover and Berlin, Germany, April - June 2009, and at It Is Possible, Avantex, Frankfurt, Germany, June 2009.

Persson, A. (2013), "Exploring Textiles as Materials for Interaction Design," PhD thesis, University of Boras Studies in Artistic Research, No. 4.

Uppingham Yarns. Available online: http://www.wools.co.uk/index.php?_a=category&cat_id=99 (accessed 8 April 2015).

The Yarn Purchasing Association. Available online: http://www.yarn.dk/gb/ (accessed 8 April 2015).

古普塔 (Gupta)

Gupta, A. (2013), "Emotionally Intelligent Knitted Textiles: Emotional sensing and responsive action." Available online: https://colab.aut.ac.nz/projects/emotionally-intelligent-knitted-textiles/ (accessed 8 April 2015).

Coyle, S. and D. Diamond (2013), "Medical Applications of Smart Textiles," in T. Kirtsein (ed.), *Multidisciplinary Know-How for Smart Textile Developers*, 420 - 33, Cambridge, UK: Woodhead Publishing Ltd.

库柏科 (Kurbak)和波诗 (Posch)

Ebru Kurbak (2014). "The Knitted Radio." Available online: http://ebrukurbak.net/the-knitted-radio/ (accessed 8 April 2015).

Waag Society (2014), "Open Knit Machine Workshop." Available online: https://www.waag.org/en/event/openknit-machine-workshop (accessed 8 April 2015).

John Richards (2012), "Charge/Discharge." Available online: https://vimeo.com/47413553 (accessed 8 April 2015).

高维诗卡 (Gowrishankar)

Gowrishankar, R. (2011), "Designing Fabric Interactions: A Study of Knitted Fabric as an Electronic Interface Medium," MA thesis, Media Lab, Aalto University, Helsinki.

Gowrishankar, R. (2011), "Informal user testing for fabric trigger prototypes." Available online: www.defint.wordpress.com (accessed 8 April 2015).

莱恩 (Layne)

Suites Culturelles (2014), "Montreal Fashion Innovation and Technology—Barbara Layne." Available online: https://suitesculturelles.wordpress.com/page/3/ (accessed on 19 December 2014).

德勒 (Tandler)
www.e-fibre.co.uk

www.Lynntandler.com

Hughes, R. and M. Rowe (1991), *The Colouring, Bronzing and Patination of Metals: A Manual for Fine Metalworkers, Sculptors and Designers*, London: Thames & Hudson.

皮佩 (Piper)
Park, S., Gopalsamy, C., Rajamanickam, R., and Jayaraman, S., "The Wearable Motherboard™: An Information Infrastructure or Sensate Liner for Medical Applications," in Studies in Health Technology and Informatics, IOS Press, Vol. 62, pp. 252 - 258, 1999.

智能纺织品有限公司 (Intelligent Textile Ltd.)
Electromagnetic field shielding materials:

www.lessEMF.com.

Intelligent Textiles Ltd. (2004), Patent: "Electrical components and circuits constructed as textiles," US 8298968 B2. Available online: http://www.google.com/patents/US8298968. (accessed 9 April 2015).

Swallow, S. and A. P. Thompson (2010), "Intelligent Textiles: Reducing the Burden," in *Infantry: Capability, Burden and Technology*, 50 - 55, London: RUSI Defence Systems.

World Intellectual Property Organization, "Digitize Your Clothes: Look Smart in Intelligent Textiles." Available online: http://www.wipo.int/ipadvantage/en/details.jsp?id=2610 (accessed 28 October 2014).

电子工艺品集 (eCrafts Collective)
Crockett, C. (1991), *Card Weaving*, Loveland, CO: Interweave.

http://katihyyppa.com/eweaving-belts/

http://ecraftscollective.wordpress.com/belt-weaving-project/cosmic-e-belts_v2/

http://ecraftscollective.wordpress.com/belt-weaving-project/belt-weaving-techniques-learning-from-the-masters/

http://www.shelaghlewins.com/tablet_weaving/TW01/TW01.htm

Society of Primitive Technology (1996), "Card Weaving." Adapted from Bart & Robin Blankenship (1996), *Earth Knack: Stone Age Skills for the 21st Century*. Layton, Utah: Gibbs Smith. Available online: http://www.hollowtop.com/spt_html/weaving.htm (accessed 9 April 2015).

阿克蒂 (Acti)
Briggs-Goode, A. and K. Townsend (eds.) (2011), *Textile Design: Principles, Advances and Applications*, Cambridge, UK: Woodhead Publishing Ltd.

辛克莱 (Sinclair)
Gardiner, M. (2013), Designer Origami, Melbourne, Australia: Hinkler Books.

Hallett, C. and A. Johnston (2014), *Fabric for Fashion: The Swatch Book: Second Edition with 125 Sample Fabrics*, London: Laurence King Publishing.

Iwamoto Wada, Y. (2002), Memory on Cloth: Shibori Now, Tokyo: Kodansha.

Nakamichi, T. (2014), *Pattern Magic*, London: Laurence King Publishing.

Rutzky, J. and C. K. Palmer (2011), *Shadowfolds: Surprisingly Easy-To-Make Geometric Designs in Fabric*, New York: Kodansha USA.

Sinclair, R. (ed.) (2014), *Textiles and Fashion: Materials, Design and Technology* (Woodhead Publishing Series in Textiles), Cambridge, UK: Woodhead Publishing Ltd.

Wolff, C. (2003), *The Art of Manipulating Fabric*, Iola, WI: Krause Publications.

Brother sewing machines, http://www.brothersewing.co.uk/en_GB/home (accessed 19 November 2014).

Matthew Gardener, http://www.matthewgardiner.net (accessed 24 November 2014).

Oribotics, http://matthewgardiner.net/art/On_Oribotics (accessed 24 November 2014).

PE Design 9, Trial version, http://www.brother.com/common/hsm/pednext/pednext_trial.html (accessed 19 November 2014).

SophieSew, embroidery and design software, http://sophiesew.com/SS2/index.php (accessed 23 October 2014).

杜米特雷斯库 (Dumitrescu)
Brett, D. (2005), *Rethinking Decoration: Pleasure and Ideology in the Visual Arts*, New York: Cambridge University Press.

Dumitrescu, D. (2010), "Interactive Textiles Expression in an Architectural Design—Architecture as Synaesthetic Expression," *Design Principles and Practices: An International Journal*, 2 (4): 11 - 28.

Dumitrescu, D. (2013), "Relational Textiles: Surface Expressions in Space Design," PhD thesis, Swedish School of Textiles, University of Boras, Sweden.

Ingold, T. (2007), *Lines: A Brief History*, London: Routledge.

Spuybroek, L. (2005), "The Structure of Vagueness," *Textile: The Journal of Cloth and Culture*, 3 (1): 6 - 19.

戴维斯 (Davis) 和微软 (Microsoft)
Davis, F., A. Roseway, E. Carroll and M. Czerwinski (2013), "Actuating Mood: Design of the Textile Mirror," *TEI 2013*, February 10 - 13, Barcelona, Spain.

科莱瓦 (Koleva)
http://aestheticodes.com/

http://aestheticodes.com/wp-content/uploads/2013/09/Aestheticodes_Designer_Pattern_Book.pdf

卡斯坦 (Castán) 和冈萨雷斯 (González)
Excerpt of the Project:

http://vimeo.com/107462260

SoundEmbracer Project by Gerard Rubio, Cristina Real, Sara Gil and Gerda

Antanaityte, project website:

http://soundembracers.tumblr.com

Tutorials for the Arduino Fio and XBee wireless communication:

http://tutorial.cytron.com.my/2012/12/03/getting-started-with-arduino-fio/

Vallgårda, A. (2009), "Computational Composites: Understanding The Materiality of Computational Technology," Ph.D. thesis, IT-Universitetet i København.

实践操作

在智能纺织品和可穿戴电子产品的混合组合中开发产品的设计师必须研究纤维类型、结构及其应用，这超出了传统时尚领域的范畴。

麦肯(McCann)和布莱森2009: 79

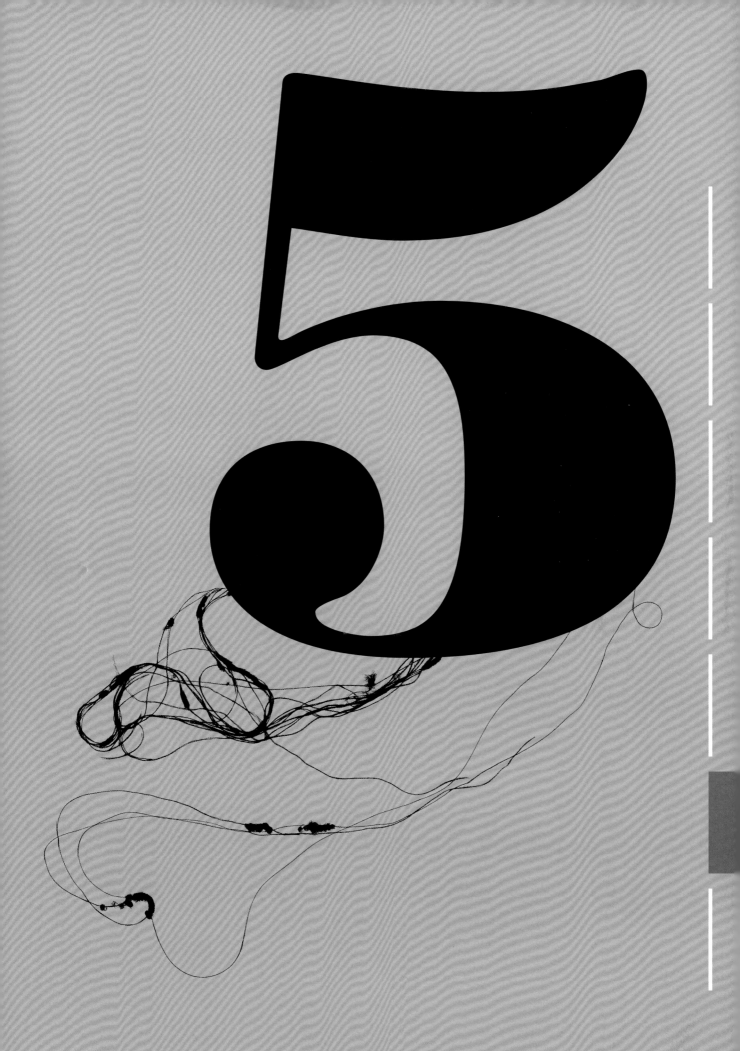

章节综述

在本章中，您会找到一系列方法来思考现在的工作方式，以及未来的一些可能性，以便在智能纺织品领域找到一个适合个人发展的专业领域。这些工具是由其他人开发的，但它们并非一成不变。您应该掌握这些基本原则并对它们加以运用，这样您才能更好地理解自己独特的技能价值，并从团队一份子的角度更好地开展工作。从第 2 小节开始，您将了解智能纺织品的跨学科性质，并感受到其对评估产品和营销的影响。

本章以莎拉 · 沃克为例，分享了第一次遇到这些问题的年轻纺织品设计师的经历，也描述了他们的设计过程。您还将了解与该领域相关的知识产权、创新和设计保护的不同模型，并将了解欧洲和美国制定的支持智能纺织品商业化的法规和标准。根据纺织顾问迈克 · 斯塔巴克的观点，本章最后部分还讨论了英国纺织工业所面临的设计创新挑战。

图 5.1
互动媒体设计（现在的
数字交互设计）。
3 年级学生 2008-9。

实践操作

T 型设计师

"T型"设计师是产品设计中的一个众所周知的概念;它代表了这名设计师拥有对某门学科或实践能力的优秀知识深度,辅以对其他方法、技能的广泛认识,以及对社会问题或某些关注事项的外向态度,后者对我们的工作有重要的推动作用。

这个想法是由大卫·格斯特(David Guest)提出的,并由 IDEO 的蒂姆·布朗(Tim Brown)在整个 20 世纪 90 年代推广开来,这为呼吁文艺复兴的男女,以及能够在团队中与其他学科相适应的人提供了支持。T 型设计仍是当今的设计专业授课内容之一,但它已经存在了很长时间,有了一些批评,也有了一些发展。视觉隐喻有助于我们思考工作的方法、寻找智能纺织品领域新的混合实践之路,并探索未来在这类环境下教学的新策略。以下是一些相关案例:

短 T　　如果我们对这个形式进行探索,它将有什么意义?

I 型　　基础问题的研究;
　　　　技能较广,但只有一个专业领域

* 型　　来自 Unix 操作系统,
　　　　代表"任何东西"="任何形状"的符号

X 型　　以"我"为中心

H 型　　两个专业领域

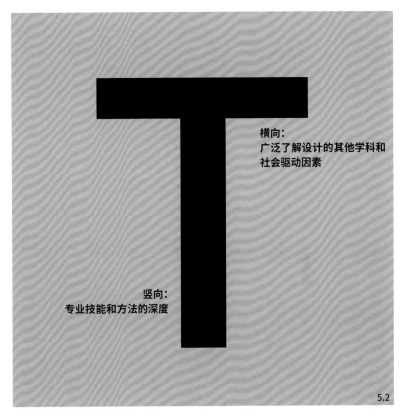

横向:
广泛了解设计的其他学科和社会驱动因素

竖向:
专业技能和方法的深度

5.2

史蒂夫·曼恩(Steve Mann)(可穿戴计算之父)和莎拉·戴蒙德(Sara Diamond)[班夫中心(Banff Centre)和安大略艺术设计学院（OCAD）]将 X 型视为一个优秀的纽带,是一种"交叉装配",可以促进与他人之间的工作流程。他们用不同的方式标记 T 字造型中的横竖两杆,并配以这类概念。曼恩接着讨论了"树型"设计师,他们具有强壮的树干,地上和地下均能生长:这个隐喻代表了设计师的"森林"状态、他们的个人实践能力,以及在新领域的发展情况。

图 5.2
T 型设计师模型:作为一名设计师,需要了解自己的核心优势,也能帮助自己与其他专业人士建立联系,以拥有更广泛的主题创作领域。

明确价值并制定实践框架

在这篇简短的文章中，作者介绍了将自我价值与设计师等同起来的原因，以及一些简单练习，它们可以帮助我们更清楚地认识自我。越来越多的人可以在交互设计和无处不在的计算领域中发现"实践智慧"（Phronesis）的概念，因此，在创造智能纺织品时，我们应该给予其一定的关注，这无疑将成为更广阔的互联系统中的一个组成部分。实践智慧指的是一种综合知识，即技术知识和学术知识，但它的含义还不止于此。重要的是，实践智慧设计师意识到了他们实践中的伦理问题，以及他们的工作对世界、对人类的益处和害处。他们能够"以社会和政治行为大师的方式做出判断和决定"[傅以斌（Flyvbjerg ）2001）]，他们可能会像在物质实践中一样有政治意识。随着设计边界不断扩大，甚至完全消失，对这类设计师的需求变得越来越多。该项目旨在重新对整个领域进行设计，改善急诊病房患者体验，而在分子层面重新安排材料、重新设想全球金融生态系统项目这类事情，也已变得稀松平常。作为"物联网"的贡献平台，智能纺织品的设计和完成，同样需要深思熟虑。

在这个领域有很多不同类型的设计项目，您很容易像往常一样继续工作，特别是如果您擅长于此，而并非过分关注大局的话。但常常反思能让您成为一个更好的设计师，您可以用这三个简单的工具来进行反思：

1. 个人实践时间表；
2. 制定项目框架；
3. 凯利方格练习。

5.3

设计塑造了我们塑造的大部分世界，也塑造了我们。

托尼·弗莱(Tony Fry) 1994:39

图 5.3
未来；有人说预测未来的最好方法就是创造未来。设计是一种对未来可能是什么的探究。

图 5.4
个人实践时间表；这是一种非常有用的方法，虽然很费时，但可以用来反思您的设计实践。您可尝试使用数码照片应用来实现相同的概览。

5.4

个人实践时间表

这很简单，虽然有点耗时，但是它非常强大。找到您自己作品的图片，并沿着墙壁或大张卷纸按时间顺序排列它们。在这个时间表上，最高产的时间段的工作就是对您最有意义的工作，这显而易见。请寻找反复出现的主题。

练习十二：框架练习

在速写本中绘制此表。列出您最近开展的四个项目，并确定它们是保守的、务实的、批判的或是激进的。它们与描述相符吗？是否需要重新定义某个类别或创建新类别？

项目框架的制定和实践

1995 年，建筑师理查德·科因（Richard Coyne）从四个不同的角度讨论了信息技术设计：保守、务实、批判和激进。使用这些标签，您可以"框定"实践——它将帮助您认识自己的习惯目标，并允许对它们提出质疑。如果发现自己总是按照现状进行设计，那么从批判性的角度来看项目会是什么样的呢？您能将一个务实的项目"转换"成激进的吗？

在这种情况下，保守意味着您试图维持现有的工作状况（这并不意味着好或坏！）。不管在什么时间和地点，它认为，人们在本质上是相同的。

务实倾向于以用户为中心的方法，在这种方法中，使用您作品的人们，能在设计过程中拥有一定的发言权。它认为，每个人的文化不同，价值观也不一样。

批判指的是试图提高人们对某些问题的意识的工作。它通常不为商业而作，旨在提出现状问题；它引起了人们对社会机制的关注，特别是在权力机制方面。

激进是最难定义的，它挑战的是某一领域或某种实践的根本（例如，如果我们将计算嵌入珠宝中，它将以一种前所未有的方式变成一种"有用"的物体）。

表 5.1
尺度表。练习每种设计方法。将一个项目从务实转换为批判。尝试以一种全新的方法来进行下一个项目。继 1995 年理查德·科因后。

	项目1	项目2	项目3	项目4	项目5
保守					
务实					
批判					
激进					

凯利方格练习

心理学中的凯利方格练习（rep grids）是用来理解人们认知这个世界的方法的。根据观察，人类喜欢使用成对的描述性结构来比较经验；比如说，您把一个朋友描述得很疏远，而把其他人描述得很亲近。疏远和亲近这一对词成为一个可以用来描述新朋友的维度。虽然凯利方格法经常被用来评估用户对某些设计的偏好，但它也可以用来反映实际情况，揭示对风险、美学、材料、创新、协作或设计活动中出现的任何其他数字工具的使用态度。在小组中使用这个工具有助于引出话题，并能帮助大家讨论结果对自己的意义。创建一个包含前几个主题和维度的网格会产生更多的信息，可能要创建多个网格，这样才能满足所有相关主题的覆盖，结构也能足够完善。

使用这种网格的基本步骤是：

1. 引出描述性结构中使用的术语。例如，危险—安全；工作满意—工作无聊；技能高超—重复劳动。

2. 确定要审查的主题（要素）。例如，个体经营、创新材料，或为制造而进行的设计工作。

3. 根据构造对主题打分。可以按视觉划分（颜色渐变，或使用不同的符号），通常按 5 分制李克特量表来统计。

4. 对最终的结果进行讨论、分享或分析。

在群体应用时，通常会统计结果，如统计主题重复出现的频率；如果想反思自己的实践活动，则更适合更定性的方法；如与他人合作，则可以在术语的使用，以及自己对实践领域的看法上，寻找一致性和差异性。

构建[（显现极 (emergent pole)]			元素						对比[（隐性极 (implicit pole)]
1									5
1									
2									
3									
4									
5									
6									
7									
8									
9									
10									
11									
12									
13									

5.5

图 5.5

凯利方格法量表模版；一种用于发现隐性（难以描述）知识、专业技能和态度的技术。t-h-inker.net（通过设计和概念创新项目创建知识的一部分）。

关键问题

参照前面的实践活动，您将如何描述与更大的世界和社会相关的您自己的设计过程？

跨学科创作

本书的一个关键主题是跨领域实践的重要性，以及智能纺织品开发中涉及的广泛技能和知识。与此相关的一种方式是参与艺术家长驻某地集中工作，如媒体实验室和工作坊，来自不同学科的人员一起协作。Arcintex（瑞典）、"斯戴姆"（Steim）和V2（荷兰）、ANAT（澳大利亚）和"电子纺织"（e-Textiles）夏令营（不同地点）等组织经常举办此类活动，他们通常会在 Flickr 流或博客中在线展示这些活动（参见本章末尾的推荐阅读，以及附录中的参考资料）。其中一些是为研究生设计的，另一些是向公众开放的；有些是针对由艺术委员会资助的从业者，另一些则附属于大型会议。与会费用会有所不同；建议您尝试本地的"黑客空间"（Hackspace）或"创客空间"（Makerspace）进行更多非正式的直接学习。

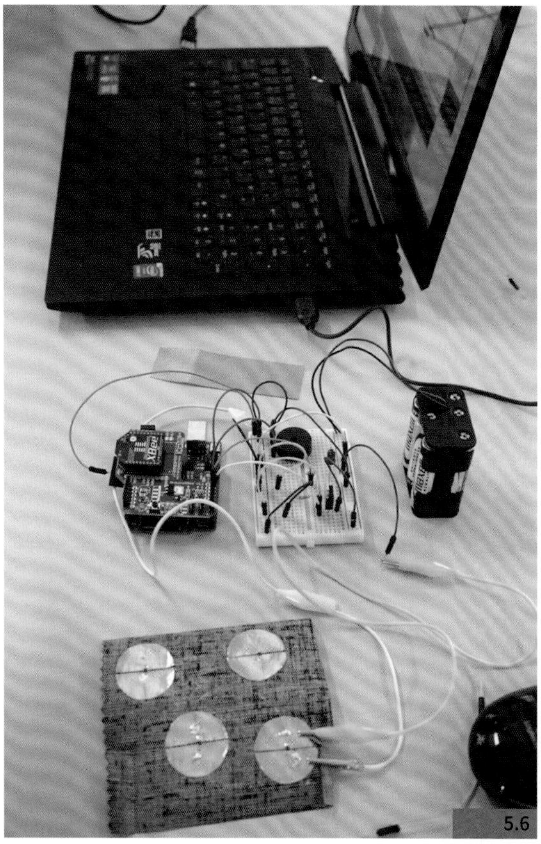

参加这些项目时需要注意的一点是：如果研讨会是由 MIDI 专家联合提供的，最终要以声音的方式完成输出部分，而您创建的是一个织物界面，并以输入手势动作来输入数据，那么，当您在项目结束回家时可能会发现，创作的作品根本无法运行。

将每次实践体验的结果最大化的技巧包括：

- 拍摄最终合作作品的视频。
- 开发过程中，务必多拍照，并保留高分辨率照片。
- 获取每个人的联系方式（便于之后的协作，以及图像使用权的获取）。
- 对于还不了解的系统部分的信息，尽可能多地收集它们。例如，可以在那里下载软件吗？
- 加入或设置共享讨论区，方便之后的故障排除（例如，使用 Arduino 板设置）。

当您作为局外人时，很容易认为另一个学科和自己的专业是同质的；也就是说，作为一名纺织品设计师，您可能认为只需要一个技术合作伙伴就可以在项目上进行合作。同样，研究纺织品的交互设计师可能无法区分针织和梭织专家。这是正常的，但其中一个重要方面（这是传统分科式教育的结果）是编程与电子工程的分离（同时学两个专业的人很少）。智能纺织品和可穿戴技术领域有许多备受瞩目的小型创新团队，如 Cute Circuit 和"智能纺织品有限公司"（Intelligent Textiles Ltd.），因为有他们的存在，您也可以期望让事情变得简单——只要在实践中找到理想的合作伙伴就行了。但事实可能更为复杂，涉及更广泛的人脉网络。

图5.6
通常需要跨学科协作来实现稳定的纺织工作系统。萨拉·罗伯逊（Sara Robertson）的这种印花和层压纺织品由史提芬·巴特斯比（Steven Battersby）无线联网，这是 2015 年软物互联网项目纺织品艺术家工作坊的一部分作品。

5.6

另一个认知是，传统的基于技能的实践是单独进行的，工作不太分散，甚至完全是同一种工作。在"珠宝商圣经"（the jewelers' bible）中，奥彼·安册拉（Oppi Untracht）（1985）告诉我们不同的珠宝制作方法是如何相互关联的，以及不同的行业是如何相互依赖的；这里有抛光和石材镶嵌、铸造和制造以及概念设计方面的专家。他把这称为"集会"，不同的分支学科聚集在一起，创造出一种专业实践联盟的生态学。这种生态或实践的集合在智能纺织品领域刚刚崭露头角。

团队合作的能力对于这类工作至关重要，因此了解所涉及的角色和个性是很有用的。贝尔宾（Belbin）（2009）的团队合作模式既基于人们对他们所期望的工作的理解，也基于他们与他人合作的态度。不同类型的人会有不同的宝贵贡献，协同团队的潜力远远大于个人。公认的行为角色包括：工人、资源调查员、协调员、塑造者、监督/评估员、团队成员、实施者、完成者以及专家。每个角色都根据其在团队内的贡献度，以及弱点的可容忍度来理解；例如，塑造者是具有挑战性和活力的人，具有克服障碍的驱动力，但有时可能会暴怒或冒犯团队中的其他人。请注意，每个人通常都扮演不止一个团队角色。

另一方面，迈尔斯－布里格斯（Myers-Briggs）类型指标使用一系列维度来描述人格类型，这些维度表明了个人的人际关系态度以及信息收集、决策和计划的方法。例如，"判断—感知"维度描述了一个人为人处世的偏好，是或多或少有序的，还是灵活的？爱德华·德·波诺（Edward de Bono）（2009）的"六顶帽子"练习是一种流行且简单的体验不同性格角色的方式。使用道具来分配角色任务的态度意味着您可以进行角色扮演；人们往往通过此练习来评价自己的工作，推动项目向前发展，或者反思自己在团队中的惯常性格类型和行为。戴上白帽子来收集事实，戴上绿帽子以创造性地思考，戴上黑帽子来考虑项目中的任何风险。

在实践活动的相互关系中，一种实践的输出结果通常会被另一种实践用作其过程的一部分；在这种观点中，实践（例如编织、编程和人类学）是相互关联的，也都是"鲜活的"，它们存在于活动参与者的个体生命之外。智能纺织品，就像可穿戴计算一样，可以被视为一系列正在出现、发展和稳定的相关实践，当我们处在这样一个充满活力并不断变化的环境中时，看待自己角色的角度也会受到影响。

市场、受众及成功标准

可穿戴技术的概念及其导电纱线和织物的使用材料已经存在了几十年，但批评者指出，自从麦吉·奥斯（Maggie Orth）的萤火虫连衣裙和20世纪90年代后期的黏糊糊的乐器以来，没有任何改变。这是一个有待商榷的问题：可以说，LilyPad Arduino已经将织物处理带入了一个全新的领域，也让更多的女性参与到电子行业之中；同时，该行业也一直在解决一些制造问题，例如在硬部件遇到软部件时的可洗性或坚固性问题。而某些高调项目更会对潜在的问题做出承诺，这也是所有受众的期望。

可穿戴设备和智能纺织品是与社交媒体同时发展起来的，早期学生项目的每一步都虔诚地发表在了博客上——这个领域正在公众面前成长，大家也都想要了解它们的真正用途。有人觉得世界根本就不需要智能纺织品，因为它们很可能不现实，也很难保养。它们甚至被描述为仍在寻找问题的技术解决方案。由一家大型市场研究公司编撰的年度高德纳技术成熟度曲线（2014）讲述了从激动人心的新颖技术发展到主流产品的故事。图表显示的是技术成熟度曲线的一般形式，您也可以在网上找到每年的新兴技术成熟度曲线图。

智能面料被纳入美国高德纳（Gartner）关于智能城市技术的报告中，2012年，智能织物还登上了"预期过高的顶峰"；与此同时，美国高德纳发布了一份关于智能面料的"创新洞悉"报告，指出了它们在大数据中的作用，以及对"提高员工生产力和幸福感"的影响，并强调了平衡收益和成本的益处和必要性。截至2013年7月，当可穿戴用户界面刚开始从过高的预期峰值直接跌落至"幻灭的低谷"时，谷歌眼镜、Nike+、三星运动智能手表和"圆石"（Pebble）智能手表产品又不断推出，媒体对手腕和头戴设备的报道又开始越来越激烈。智能珠宝等新形式也已经渗透到主流市场中，到2015年，可穿戴式用户界面则进入了"启蒙的斜坡"。

英国艺术与人文研究委员会最近的一个网络项目聚焦于发明与创新之间的差异，这里所指的发明是原始技术知识的产物，而创新则涉及制造和营销的价值创造过程。在谈论智能纺织品时，我们需要考虑不同的创新模式；如果创新取决于人、时间和不同的沟通渠道，那么只考虑时尚，或者只考虑医疗使用价值是不够的。在这种情况下，所有这些渠道都需要被视为更大的创新过程中的一部分。

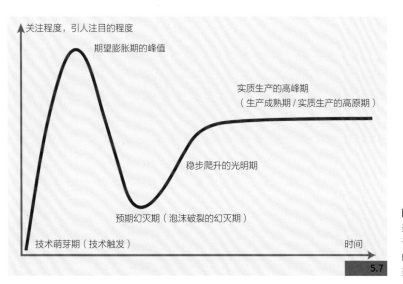

图 5.7
美国高德纳技术成熟度曲线。技术倾向于遵循公众心中的模式，基于媒体投入的期望，然后是实际的使用和消费体验。美国高德纳咨询公司。

智能纺织品生物医学应用研究人员的一份报告 [帕克（Park）和贾亚拉姆（Jayaram），2010]) 指出，智能纺织品从研究到现实的转变"非常缓慢"：它探讨了技术成功因素，如降低成本并改进服务，以及采用创新技术方面的因素，如相对优势、兼容性和可测试性等。随后，该报告又提出了一个三步计划——先建立组件和系统的稳定性，并使其准备就绪；然后通过设计概念的语境有效性来展示需求；最后进行全面的成本效益分析，以此展示智能纺织品的总体价值，并将其推向市场。

但贝格琳（Berglin，2013）指出，商业活动正在小型时尚和艺术企业中蓬勃发展，这些企业是在构建他们对这个领域的兴趣点，即便不能创造利润丰厚的市场，他们也在不断地解决技术问题并开发出了富有表现力的设计方法。最终，消费者将面临"我在哪里可以买到它？"的问题。能源市场情报公司（IDTechEx，2014）将第一波可穿戴技术定义为耳机和手腕上的电子设备，第二波是连接、智能手表、皮肤贴片和VR耳机，第三波则是电子纺织品中的电子纤维。

埃莱娜·科切罗的 Lost Values 品牌是该领域早期商业冒险的一个极佳案例。科切罗作为一名文学硕士生，在探索性技能的指导下来到了远程实验室，这是苏格兰数字技术的孵化器。在这里，她与团队合作开发了有市场潜力的产品——她的 Loopin 儿童套件产品，已经通过欧洲 CE 认证程序，正在筹集风险投资，等待品牌的开发；同时，她还以反光蕾丝的形式为主流市场创作出新型纺织品，将反光纱线融入时尚的自行车装备中。

如果正在思考这个新领域的业务运作方式，商务模式画布这个工具就十分有用。它在单个页面上列出了价值定位、活跃度、合作伙伴、市场营销，以及和客户细分之间的关系。我们可以用它来分析现有企业的工作方式，并设计自己的潜在经营理念。该团队还出版了 *Business Model You* 这本书，有助于反思个人在智能纺织品领域的技能对潜在客户的价值。

将这项工作看作研究任务、艺术项目，以及商业风险投资项目来操作是存在差异的。在这个过程中，每一个对象都扮演着不同的角色，当以研究名义制作的产品会像保修期内的主流产品一样运行时，就会出问题。同时，不同的做法也会使自己的作品产生不同的价值，就像当代珠宝界对概念的严谨度感兴趣，而传统的银匠则对手工艺感兴趣。因此，要根据自己的受众需求，关注不同的问题和反馈意见，并明确最终的工作目标。

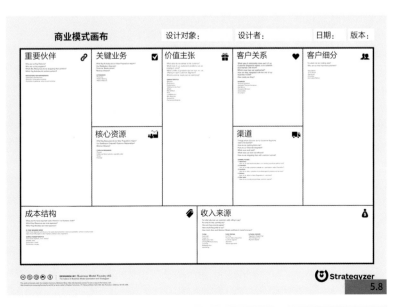

图 5.8
商业模式画布。这个模版可以帮助您思考企业向客户提供的"服务"，并确定所需构建的关系，使其发挥作用。

推销您的技能

长期以来，纺织品设计师（而非纺织工程师）并不了解他们的专业知识对其他（通常是工程主导的）学科的价值。虽然这种情况正在发生变化，但仍有很长的路要走。许多纺织品设计教育仍被归于现代派，因为它倡导个人的创造性视野和审美表达。事实上，艺术天赋只是整个环节中的一部分，您要先开发出织物的多种表现形式，包括重量、手感、颜色、质地、结构等，再有效传递出这些产品的概念。不同纺织专业所涉及的经验和技术对智能纺织品和可穿戴开发的作者们来说也非常有价值——弄清楚如何描述这类知识的特点，然后与其他学科进行交流，这将是职业发展的一个重要方面。

练习十三：
理解纺织品的知识和过程

使用前面各节中概述的某一种工具来帮助自己了解流程，以及它们与其他学科的区别。在这里，思考的对象可能有所不同，包括对材料进行有趣探索的态度、设计概要在过程中的角色，甚至究竟什么是产品（一个织物样品可以是产品吗？）这样的问题。一旦经过仔细思考，就能够更多地关注您想通过作品所要表达的信息。

创作者们沟通创意作品的标准方式（印刷的简历，以及大量的为面试准备的散页纸）已经变得多样化，与以前相比，现在的他们更多依赖在线展示。但是，沟通交流的主要策略并不是了解大众的期望，然后拉近自己与他们之间的关系，而是要把能展示自己才能的最好的作品集合在一起来展示。因为受众的不同，精心管理好实时的在线作品集是至关重要的。在这里，您将看到几个展现专业水平的创意智能纺织品案例，随后我们也会提出一些建议，希望能帮助您进一步学习。

在线网络和数字格式

奥斯卡·托米科为智能纺织品创意产业科学计划（CRISP）项目做了一个演讲，他使用在线文档共享网站（Issuu）发布了智能纺织项目的沟通交流方式，这是一个很好的案例——作者希望展现老年用户对于穿戴智能纺织项目成果持有尊重的态度，于是借用专业摄影作品，营造出了这些用户的心境和环境氛围。在产品介绍中，语句简练且问题概括，引导浏览者将视线直接转到页面的图像上，使整个产品的介绍显得相当雅致，对于项目中使用的研究问题和设计过程的概述也清晰明了。每个设计概念都用专属页面突出显示。

该产品介绍以高质量印刷和 PDF 文件两种形式在 Issuu 上供大家获取。这显然意味着不可能直接接触纺织品本身，但整个介绍都在展示穿着者与服装间的接触和互动，针织材料的质感也被明确地表现了出来。

在线 PDF 格式允许您将有关技能和经验方面的书面细节与可视作品集相结合，可以拥有比标准两页更多的简历页面。但还需要留意读者宝贵的阅读时间；在 Issuu 上浏览纺织品作品集时，有位作者发现了一篇长达 178 页的作品集。

视频、图像：通常使用常见格式，如 MOV.、AVI. 或 Quicktime。如果您需要以数字方式——用单个 PDF 或 PowerPoint 文件来展示作品，则可以将独立影片添加到文件中。可以参考诸如 Instagram（图片分享社交应用）等社交媒体平台上的 Cute Circuit 之类的例子。

网站：网站应具有清晰的导航功能，还要能在常见的浏览器中查看，例如谷歌浏览器（Google Chrome）、IE 浏览器（Internet Explorer）、火狐浏览器（Firefox）和苹果系统内置浏览器（Safari）等。脸书（Facebook）页面或博客（WordPress）网站都可以帮助您有效地完成准备工作，而不需要学习专门的 Web 开发技能。

图 5.9
CRISP 项目中的佩戴者介绍。针织服装是活力（Vigor）系列的一部分，其中包括弹力传感器和用于身体康复的应用程序。奥斯卡·托米科，埃因霍温理工大学（Eindhoven University of Technology）。
摄影：乔·哈蒙德（Joe Hammond）。

图 5.10
布迪卡（Boudicca）网站，platform13.com。在线和离线媒体上展示的产品应该要一致，要清晰地传递出自己的实践感受。
佐伊·布罗奇（Zowie Broach）。

有时，很难找到可描述自己专业的词语。迪·梅斯通（Di Mainstone）将她的时尚创作描述为"电影人"（movician）——创作以身体为中心的雕像，旨在触发某种运动，或讲述一个故事。她的大部分工作都和声音输出有关，已成为世界公认的话筒和耳机专业制造商森海塞尔（Sennheiser）"个人声音之旅"项目的 100 名"Momentum"（森海塞尔的一个耳机系列）大使之一。一些实验室、品牌或"家园"对待词语的态度截然不同。布迪卡是一个创新的时尚品牌，在宣传方式上，它既全面又富有诗意：该网站读起来像一个投资组合，强调流程是核心利益。它采用多媒体方式，包括音乐、数字和定格动画、摄影、视觉研究和 sketch 编程等。布迪卡的时尚中少有"智能"元素，但它具有极强的互动性，往往能吸引佩戴者和观众去创造新的形象，还会使用多层技术来建构无形的服装。该品牌迷你站点中的所有内容，从"纸张"角落中可识别的蓝色折痕，到用户输入密码（在屏幕底部提供），都切实而有个性。丹尼尔·王尔德（Danielle Wilde）的网站则使用了一种简单的格式，这使浏览者无需点击菜单就可轻松添加项目内容以及想法。虽然所有的内容均出现在首页上，但视觉上的页面布局仍然精彩且吸引人。所有项目合作的更多细节、视频和信息均在一个链接内。此外，王尔德有效地将关键研究问题和相关专业荣誉进行了整合，并将其作为页面设计的一部分展示在那里，创造了一种即时简历。

包含有形的数字

雇主和学术课程不仅对您的产品创意感兴趣，还对您的工作过程感兴趣。假设您在速写本上创作，无论是物理的、数字的，还是两者的结合，或者您有某种探索性材料的实践，应始终记录在案并包含在任何类型的投资组合中。您可以扫描速写本和拼贴画，将实体作品拍照以及拍摄实际创作过程。只需要注意，打印后或屏幕上的专业照片，与凌乱而未经润饰原始页面之间的区别，不要做得太花哨。

您也可以让人们触摸您的作品并与之互动。带有"体验"感的视频在一些纺织和手工艺社区中很受欢迎；它们试图传达制作或使用智能纺织品，以及其他材料的即时体验。玛丽亚·布莱斯（Maria Blaisse）的实践一直是个很好的案例，她用橡胶和毛毡，再加上大开口编织结构，制成简单的可穿戴作品。

5.11

物理格式

"布勒卜"（Blurb）等自助发布网站允许用户创建
专业的图像和文本。这些网站通常会为您提供模版
或简单的编辑包来设计您自己的"书籍"。如果您
已经熟悉 InDesign 等软件，它们大多也可以接受您
自己准备的文件。根据所选纸张质量、页数、尺寸
和格式，以及书籍的装订方式（硬装还是软装），
价格会有所不同。请参阅 http://www.blurb.co.uk/
portfoliobook 上的示例。名片也不需要平淡无奇：
Moo 卡（在 Moo 官方网站上设计的个性名片）允许
您上传艺术作品，这样您的每张卡片都是不同的——
变成了一个小盒子里的作品集。亦或者，可以将名片
制作成一本贴纸书。

使用标准的纺织品展示方法，还可以将自己的折叠卡
以标题的方式出现在衣架上，还能创建样本书，再用
类似行李标签那样的小卡片记录，将技术细节附加在
样本册上。

案例研究：
莎拉·沃克（Sarah Walker）

莎拉·沃克（Sarah Walker）于2013年在诺丁汉特伦特大学获得纺织品设计与创新硕士学位。她的学士学位是多媒体纺织品，专注于织物操作、三维外观和激光切割等数字工艺。玛丽奥·马霍尼（Marie O'Mahony）策划的《技术线程》（Technothreads）杂志特别收录了她在大学期间的作品。在她开始攻读博士学位时，沃克一直在思考自己的高等纺织教育之路，是塑造了她对材料、工艺和研究方法的态度的。特别值得一提的是，她讲述了自己在比利时龙瑟的比利时纺织品开放创新中心TIO3做实习生的经历，在此期间她第一次与室内建筑设计专业学生合作。

多媒体纺织品

在智能纺织品领域，人们通常关注针织、印花、刺绣和编织，这是大多数纺织品专业中的标准专业。每一种专业都需要特殊的思维和认识方式，比如，它们在理解材料和形式方面，以及在生产中使用的专业技术，都不一样。而多媒体纺织品则可以包括上述任何一种，以及现今所有的材料和织物。它的特点是探索新的技术过程、不同技术的组合，以及对纺织品本质的质疑。结果往往集中在表面质量，以及二维与三维之间的交互作用上。在互动性和技术性纺织领域，反映这种方法的最著名出版物是玛丽奥·马霍尼（2008）和莎拉·布拉多克·克拉克（Sarah Braddock-Clarke）（2012）的书籍，其中许多例子都有精彩的说明（见推荐阅读）。然而，大家并不把这个实践创作看作不同的思维方式来讨论，正是这点使沃克成为一个有趣的研究对象。

承担风险的最终纺织品设计

沃克在她的硕士课程中继续积极主动地学习，成功地申请到了保罗·史密斯（Paul Smith）奖学金并进入东京的东北文化学园（Bunka Gakuen）继续深造，之后在比利时TIO3实习，同时也与在那里举行的Arcintex研究网络活动不谋而合，这促使她在最后一场演出前一个月回到诺丁汉的MA工作室。沃克从事的跨学科工作这一事实，意味着必须采取积极主动的研究方法，只有深刻理解，才能将这些信息转化回自己的工作中。她发现需要将自己定位为在不同环境下的纺织品设计师，并适应新语言和工具的使用。

5.12

图5.12
Technothreads。像这样的多媒介纺织品可以包括许多不同的工艺，例如编织和印花。
莎拉·沃克。

在本科生课程中，能将课程结构紧密结合起来的机会并不多；沃克发现硕士学位课程的开放形式是她探索纺织创新方法的完美平台。然而，她确实认识到这在很大程度上取决于个性——她尽可能参与到各种机会中，例如在产品设计主题使用多学科模块。现在，她正在领导一个关于这方面的项目，并向下一批硕士学生宣传其价值，她觉得自己的看法和做派可能很不寻常。她对整个硕士阶段的学习是雄心勃勃的，她试图了解纺织设计过程，还想挑战它，打破它，并重组它。

通过多媒体途径，加上对智能纺织品的兴趣日益浓厚，她做出了一个艰难的决定，不为最终提交的作品制作任何产品：不制作服装、鞋类或室内产品。这挑战了"结果应该是什么"的标准概念。如果不是一个对象，她会呈现什么？但是，她对带有CAD刺绣的间隔织物、使用电子组件的常规图案，以及产品设计概念板的探索，展示了一种思考设计的方法，而并不仅仅只是提供一个简单的设计解决方案，后者曾是智能纺织品的最佳表现手法。这些展板展示了沃克开发的纺织品在不同设计领域中的多种应用：汽车、时装和运动服装等。

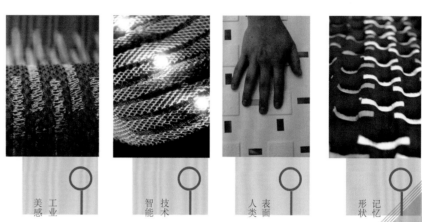

5.13

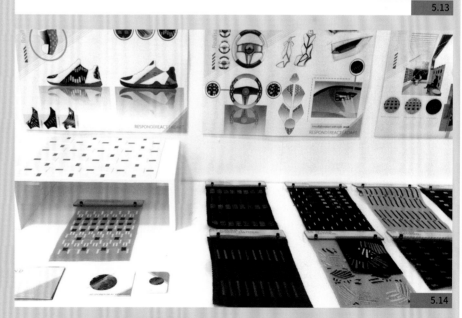

5.14

图 5.13
最终纺织品设计（MA）。沃克将她的材料探索分为四类，在引领观众观看的同时，将设计故事讲述为研究对象。莎拉·沃克。

图 5.14
以概念设计板为特色的 MA 展览。智能材料和织物可应用于不同的产品领域；这一展览会布局清楚地表现了此领域的各种新机遇。莎拉·沃克。

学习跨学科

她在 TIO3 的实习项目对她硕士阶段的学习影响很大，该项目旨在为来自世界各地的学生提供开发交互式纺织概念的新体验。沃克与比利时根特设计博物馆的室内建筑设计学生卡罗林·诺塔尔茨（Karolien Notaerts）搭档，花了一个月的时间共同开发出了"隐藏之窗"（hiddenblinds）的概念。

"隐藏之窗"成为了一系列通过桌布激活的屏幕：要使百叶窗成为环境的一部分，并通过整合使其具有互动性。这是创建私人空间的一种方式，也是一种交流方式。用户可以选择百叶窗的位置并指示它们打开或关闭。该项目的重点在于借助智能纺织品在环境中创建一种富有诗意的体验。作为一项研究项目，沃克和诺塔尔茨提出了以下问题：

· 如何用智能纺织品创造隐藏的类型？
· 隐藏之窗如何与公共空间交融？
· 隐藏之窗如何指导人类行为？

这三个问题分为三个层次：纺织品、纺织品和环境、纺织品和人类。通过设计主导的方法，女性们试图通过实际测试、在一系列透明织物上进行打印测试、激光切割和互动电路开发来回答这些问题。开口、移动和拉起被视为百叶窗的输出方式。实际尺寸的原型是在当地咖啡馆与公众一起制作和测试完成的。

图 5.16

图 5.15
隐藏在 TIO3 里的人；智能纺织品在家庭环境中的设计理念。
莎拉·沃克。

图 5.16
在 VooruitCafé 咖啡馆进行测试。用户反馈是智能纺织品发展的重要组成部分。
莎拉·沃克。

先锋咖啡（Vooruit Café）咖啡馆中的测试表明，必须要有一种顾客与百叶窗进行交流的方式，比如说将桌布作为输入界面引入整个系统。为百叶窗设计的图案是非常协调的，适合于不同的环境，并且通过添加运动传感器和 Arduino，沃克和诺塔尔茨也创造了一种更为间接的与路人交流的方式。

对智能纺织品的学术研究

在沃克攻读博士学位时的三个月里，她的督查组以及研究人员对她所研究的相关项目的期望，不断促使着她思考纺织品设计的新方法。学术研究经费通常取决于明确的项目提案，这个提案包含了对研究问题、方法和预期成果的阐述。至少在英国，如今也有以实践为主导的研究的优良传统，其中还可能包括作为可交付成果的艺术品。沃克的项目并不适合这些定义中的任何一个。她仍在研究，不断地探索她本人在研究中所扮演的角色（如果有的话）。

她倾向于通过明确的反思来对待所有的经验——她保留自己所有的笔记本、日记、博客和素描本。她与计算机科学、产品设计和心理健康领域的研究人员，以及刺绣师、裁剪师和编织师合作，收集了自己思维转变的证据，并定义了自己的跨学科实践的理念。她明白，能够在研究团队中与非学术研究伙伴交流这种做法是多么的重要。她接触过的每个人都有他们自己对"纺织品""纺织品研究"，以及与实践技能有关的任何其他术语的期望，沃克的技能在于，她能够将这种实践与广泛的其他学科进行视觉交流。

制造业的影响

目前的 PCB 和微芯片制造可以在纳米维度上实现，成本较低，可靠性还很高，这与灵活的纺织品形成了鲜明对比，二者的精度水平无法相互匹配。虽然传统的纺织制造在原则上适合导电纱线和织物的集成，并且可将一些标准的服装部件用作导电连接器，但在工业制造扩大规模生产时存在许多问题。

您可能已经听说过金属纤维，它们在加工纱线过程中由于不均匀的张力，电磁场的形成与积累，切割边缘对金属材料产生的钝化作用，以及导电纤维在敏感电子制造机械中的迁移，会产生很多问题，所有这些都意味着整个制作流程不可能简单地自动化，必须有高水平的人工监控才行。

事实上，智能纺织品代表了彻底的创新，它们不是对现有产品的增量开发；相反，它们需要技术管理、知识产权管理、市场开发，以及概念验证或半工业规模的示范。这种极端的发展涉及了制造业的基本问题，它具有高度的不确定性，例如机器的设置、零件的潜在局限，或新的监控系统。它需要一种系统工程方法，其中还要有与生产一致的持续的工程开发。德国时装和纺织业信贷管理服务机构（MODINT）的格林·布林克斯（Ger Brinks）建议我们思考"智能行业"的大局和目标，而不是继续开发某些智能产品，因为它们没有经济效益。如果做不到这一点，智能纺织品就不可能提高技术准备程度（也被称为技术准备指数或水平）。如果准备指数在 1 到 10 的区间范围内，10 分满分，那么它们最多只能达到 4 到 5 分，也就是说，这里面的组件可以在实验室或相关现场环境中进行验证，但要将它们由当前的分值提升到 6 分或 7 分就比较难了，在这个分值的生产系统是要能够公开展示的。这一升级过程首先需要整理很多有用的材料，包

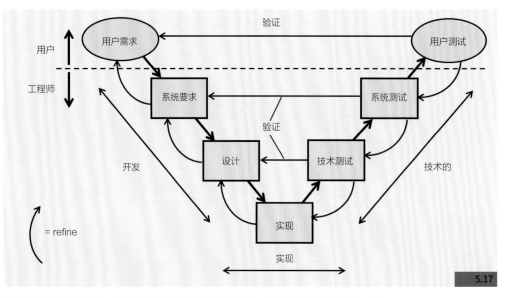

图 5.17
系统工程。如果不考虑完整的生产和消费系统，智能纺织品作为一个行业是不可行的。
萨克逊大学。

5.17

括会涉及的新组合材料和复合材料等，然后通过持续的工程迭代，以及已经在机电一体化中得到发展的、系统所需的工程类型来实现。不可以出现连接器只工作一天就坏掉的情况；相反，开发用于智能纺织品的测试系统，需要十万甚至数十万次地测试组件和子系统，这样就可以建立材料和结构参数的数据库，以保证功能的正常运行。

有待完成的基础研究包括能源收集，以及储存的进一步开发；这是非常复杂的工作，但如果系统无法存储能量，可穿戴概念就有可能失败。萨克逊大学（Saxion）是欧洲"纺织能源"（Texenergy）项目的部分成员，该项目正在研究柔性太阳能电池用于可穿戴充电电池的可行性。

中小企业（SMEs）没有研发资金，因此发展的方向之一是合作。在某些情况下，大学是共享资源的场所，如瑞典博拉森（Borasin）的精加工设备和拉夫堡（Loughborough）引领的纺织机械研究网络，参与其中的大学与产业合作伙伴共享设施和专业知识。这使学生能够在一部分课程中从事行业研究。

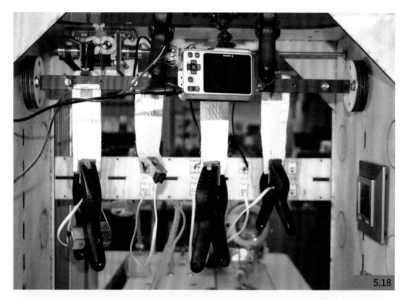

5.18

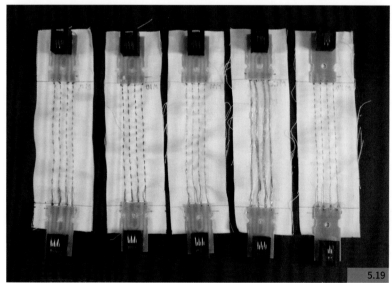

5.19

图 5.18
测试电导率；一种系统化的方法，可以让您在纱线和纤维上做出明智的决定。
萨克逊大学。

图 5.19
测试平台。通常需要为智能纺织品等新领域定制并开发测试平台。
萨克逊大学。

设计管理与开放式创新

创新可以被描述为理论概念、技术发明和商业利用的结合体［特洛特（Trott），2011）］；它不仅仅是一个伟大的想法或一种新颖的技术，它首先涉及的是时间和人。

智能纺织品领域的企业可能是工业革命时期已有纺织产品的成熟制造商，也可能是具有新颖想法的小型初创企业。无论公司的形象如何，它都需要培养一种能够支持新思想和新概念的文化，还需要制定可以使其成功的流程。

此外，还需要做出一个艰难的抉择——在成本高昂且耗时的知识产权专利保护和开放的创新模式所带来的速度感与兴奋感中，只选一个。智能纺织品和可穿戴技术正好被夹在两者之间，许多基本结构和流程由开源对策黑客社区在线共享，同时，大型的行业参与者也在用专利保护他们的资产。

开放式创新需要谨慎管理，因为这些公司既共享问题，又共享解决方案，但它也会因此而非常强大。例如，欧盟矩阵项目的成员（多风险和多重评估）共享他们开发的核心技术的所有权，但个别成员能够为相关工作申请专利；管理该类项目时需要留下大量的会议记录，以防止随后出现的任何知识产权问题。

同时，比利时的德万化学（Devan Chemicals）为纺织品创造了创新的可持续性功能，德万化学现在拥有六项专利，另有五项正在申请。德万化学将年营业额的 10% 投入研发，并与一系列合作伙伴定期合作开展科研项目，重点关注用户的健康、舒适，以及对他们的保护。德万化学运用"智能网络"（SmartNets）的方法将思想转化为创新理念，认识到不同类型知识所起到的作用，必须得到发展的信息和通信技术（ICT）的未来之路，以及如何将积极的活动发展为

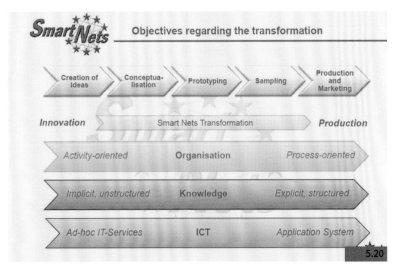

图 5.20
智能网络（SmartNets）创新模式：创意→概念化→原型设计→抽样→生产和营销。还需要设计创新的过程。
德万化学。

市场化的流程（图 5.20）。德万化学的研究成果包括家用纺织品（床上用品、室内软装和地毯）、服装（内衣、衬衫和运动服）和技术纺织品（医疗用品、过滤材料、工作服）等。为了使这项工作成为一项商业战略，德万对创新投资持长远看法，预计研发将在三到五年内实现商业化，不期望立即获得回报。德万化学有意将开放创新作为一种思维理念，以抵消每个有贡献的科学领域日益增加的复杂性，并分散投资风险。在公司内部，鼓励员工探索网络并寻求与学术界和研究机构的合作。与"矩阵"（Matrix）项目一样，我们理解必须共享 IP 才能实现这一目标。运用此类创新方式而产出的成果中有一个名为"Probiotex"的案例：这是一种专门用于纺织纤维的益生菌混合物，有助于减弱对于床垫保护套、被褥、发泡棉、枕头和室内软装等产品中尘螨的过敏反应。

老牌商业街品牌便面临着这类组织结构问题。那些植根于 19 世纪工业革命的企业将经历全球化趋势带来的重组过程，将制造业外包给世界各地更廉价的劳动力市场。在这样的过程中，大多数人已经卖掉了他们曾在原籍国家所拥有的纺织和服装生产资源。现在，发展中国家开始对他们的劳动力收取更多费用，这种模式不再有如此令人信服的财务论证，而最初通过规模经济使其具有吸引力的大规模生产模块化，正给寻求创新智能纺织工业流程的公司带来新的问题。那些保留了对本地制造业控制权的小公司发现，直接与机器和客户群合作，能更容易地对系统进行重新设计并重新雇佣员工。这种并行的设计方法似乎是最有前途的方法之一，它也为需要精通智能纺织技术的纺织品设计师创造了行业内部需求。

案例研究：
黛比·戴维斯（Debbie Davies）

黛比·戴维斯在伦敦大学的创意合作中心（C4CC）担任常驻艺术家之前，曾多年担任电视制作人。她是一名设计企业家，创立了阿克顿街（Acton Street）公司，开发了可以发光，且具有商业可行性的服装。

在这里，戴维斯讨论了她在使用电致发光（EL）线开发发光礼服和裙子时所面临的问题。作为一名跨越不同学科的艺术家，戴维斯在德国柏林和内华达州举办的火人节上举办了互动艺术展览。她的作品里有一个名为"斯塔比人"（Stabby Man）的交互式纺织品玩偶，她还经营着一个名为阿克顿街设计（Acton Street Designs）的时尚品牌，并在该品牌下开发了发光服装。在伦敦大学创意合作中心任职期间，她吸引了很多人来分享他们对电子和科学的兴趣，例如开源用户硬件组、Homecamp、Dorkbot MzTEK 和 Codasign 等。作为阿克顿街设计公司的一员，戴维斯还为自己设定了一个难以实现的目标，即生产出一款可水洗、可穿戴、舒适的时尚产品。她坚决避免制造另一种要求用户随身携带电池背包，不可洗或"看起来像一棵圣诞树"的可穿戴设备。

EL 电致发光线和环流器

要实现这一目标，并不简单：不同颜色的电致发光线比其他线的发光亮度低，戴维斯还至少使用了 30 种不同的逆变器（EL 线使用的是交流电而不是直流电，所以您需要一个逆变器来将电流从直流电变为交流电）。只要能在设计中节省空间，任何材料她都会花很长时间去寻找。她觉得没有任何电子工程师在设计电子产品时考虑过时装设计师。聘请一位电子工程师专门设计并定制她所需要的逆变器实在太过昂贵，而且他们对设计的假设也和她有所不同。比如开 / 关模式对于普通商业街上的品牌消费者而言是一种常态标准，而工程师可能认为这并不重要。在合作和创新管理中，"什么对谁更重要"这件事是关注的焦点。于是，戴维斯最终自己将逆变器、开关和电池组合在了一起。但我们还是要面临一个尴尬的前景——必须将其标记为 CE（是一种宣称产品符合欧盟相关指令的标识），只有这样才可以将其出售。戴维斯称，购买 CE 测试电子套件可能需要花费大约 3 000 英镑（有关质量保证和测试的更多信息，请参阅随后的法规和认证部分）。此外，如果您销售带有电池的物品，如 Stabby Man，法律要求，如果客户需要的话，一定要帮助客户安全处理电池。对此，不同的国家也有不同的法规。

5.21

图 5.21
用电致发光线制作的丝绸裙。戴维斯在工厂投入了很多时间成本，以实现这些服装商业化所需的必要技能和新的生产工艺。
黛比·戴维斯。
摄影：马克·斯托克斯（Mark Stokes）。

材料与其运用在设计上的效果

戴维斯还必须从她的物资供应商那里讨到一个好价钱。对于一次性项目来说，以零售价格来支付电致发光线等材料是可以的，但在创建待售产品时则不行。她起初在英国找到了固定长度的电线，连接了一个大电池组和一个逆变器（而且很难拆除）。可以指定长度的电致发光线，供应商价格昂贵，因此戴维斯转向了美国的供应商；事实证明，从美国进口货物并在电汇上支付税款比在英国支付的价格更便宜。最终，当英国供应商与美国供应商的价格持平之后，她和前者展开了合作。此后，电致发光线的主要制造商倒闭，生产转移到中国的一家工厂。新的电致发光线的硬度要小得多，这极大地影响了裙子的形状。同时，电子设备是否可拆卸也很重要。从技术上讲，如果连接器受到保护，带有电致发光线的服装是可以干洗的，但干洗店却不会轻易相信这一点。随后，戴维斯还想用丝绸来呈现漫射光，以此来吸引那些一心想提高社会地位和生活水平的时尚消费者。最好的丝绸是由供应商预先洗涤的带有最小竹节的双宫绸。尽管需要考虑 3% 到 10% 的缩率，但戴维斯的丝绸服装洗了五十多次也没有损坏。

制造业

这是一条可以轻松隐藏电子设备，同时看上去又很漂亮的直筒连衣裙。制造商咨询委员会颁发的奖项使戴维斯能够在印度生产丝绸，那里的供应商提供的生产价格更低，并且擅长扎染。大多数工厂的订单起印量一般是 3 000 件，但业务依赖于良好关系的建立，戴维斯经过协商，最后得到了 150 件起印的小批量订单，由双方合作开发。然而在合作时，必须对所有过程预留足够多的时间。例如，当用电致发光线穿过需要接缝的部位时，需事先将接缝部分沿着电致发光线的方向熨烫平整。迎合大众市场的工厂会明白大多数人想要一个开放的缝合线——生产过程中任何特殊的细节都必须被密切监督。虽然他们将成为标准服装制作方面的专家，但开发具有嵌入式电子产品的服装需要新的专业知识，而且其过程也不同于传统。另一方面，人们对于看到像电致发光线这样的组件时会很兴奋，他们可能会花费大量时间向人们展示所做的事情并回答各种问题。对于戴维斯来说，在生产样品时呆在工厂车间是很重要的，这样她才能够及时地预测可能会出现的问题。

来自戴维斯的最后一段话

"我现在接受了关于什么不能做的良好教育，我确实也实现了我的目标。我已经做完了想做的事情，我做了一件可以发光的衣服，它看起来很高级，也很精致和实用，您可以轻松地给它更换电池，也可以对它进行清洗。我克服了对电子产品缺乏认识以及对服装制造方式缺乏了解的困难——我花了几个月的时间研究不同的逆变器，更不用说花时间学习如何焊接了，当然，还要为这一切买单。但是您学的越多，你就越有能力和别人交流。您也会获得更多的尊重，人们更愿意加倍努力，因为他们知道你做到了。我还学到了制作硬件，与制作一件服装、一个雕塑或写一个故事没有什么不同；要做到这一点，不止要有一种方法，还可以使用多种方法或技术来让事情变得轻松。如果你了解其中的一些选项，那你就可以更好地与那些希望与你合作的人进行对话了。"

规则与认证

标准化是智能纺织品创新者当前面临的一个问题，尽管在这一领域中，标准化比可穿戴技术更容易实现，后者涉及最终产品中更多样化的排列，以及可能出现的复杂技术组合。一些想要购买新型高性能纺织服装的公司，比如比利时的消防部门，发现这对于他们而言是存在风险的，因为他们要对依赖这些产品的员工的健康和安全负责。在没有行业标准的情况下，保险可能变得难以购买或价格昂贵，而这正是另一个欧洲项目介入的地方，它为这些行业提供所需的保障，既可以证明其功能，又能建立市场需求。因波特斯（Enprotex）认识到，对于这类服装的消费者来说，标准是分散的：电子产品可以被认证，服装也是如此，但智能服装的测试却缺乏统一标准。虽然研究机构可以在这方面发挥主导作用，但标准化委员会往往由传统企业担任，它涉及很多部门，所以这一过程漫长而艰难。

另一个例子是热熔行业，那里的工人需要被保护，以免受极端温度的影响。国际标准化组织（International Organization for Standardization）的皮肤温度测量标准有十多项，但核心体温测量更难实现。"普罗斯皮"（Prospie）项目正致力于此，它试图根据先进的个人防护设备（PPE）中体温过低和过高的传感器数据，在服装中运行传感器，并触发带有本地警告、远程警告和救援信号的集成系统。美国食品和药物管理局（FDA）掌控可以严格实施，并与智能纺织品的健康和医疗应用相关的监管程序。申请人首先需要确定产品所适用的现有分类，这在这个新领域可能具有一定的挑战性。未经 FDA 批准，在美国不得销售任何医疗器械。国际纺织及皮革生态学研究和检测协会（Oekotex）发布并检查纺织产品的可持续性标准，其中的 STeP 认证系统分析和评估使用环保技术和产品的有关生产条件。

图 5.22
CE 标志意味着该产品通过了一系列针对欧洲市场的安全监管检查。

图 5.23
FDA 的标志。任何声称对医学有益的产品都需要 FDA 的批准。
美国食品和药物管理局。

图 5.24
信心纺织品认证。
国际环保纺织协会标准。

专题访谈：
迈克·斯塔巴克（Mike Starbuck）

迈克·斯塔巴克是英国的纺织创新顾问，迈克本人的定位随着行业的发展而改变。纺织服装零售和制造业的全球化趋势使得迈克前往不同的国家工作，如美国、澳大利亚、欧洲和远东地区。在这里，他将分享全球化对于英国制造业和创新的影响。

迈克，您从事着一个有趣的职业，能告诉我们您所在的这个行业是如何发展演变的吗？

首先，全球化绝对是这个行业变革的最大推动力。从西方国家的观点分析，随着繁华的商业街区时尚零售品牌找到了更低成本的劳动力，本国制造业逐步移向海外。这意味着制造业的忠诚度也向海外转移，从而需要一种新的质量保证环节。除此之外，设计以同样的方式外包。因为离岸制造服务于全世界，而不仅仅是英国，因此质量越来越难以控制。最终出现了一个奇怪的角色逆转，已经建立起来的繁华的商业街区零售商成为了拥有强大制造业基地的商业资产。

当今社会里，是什么影响着我们繁华的商业街区的发展？

互联网和电子商务影响着每一个环节。它们为产品报价提供了巨大的空间，包括更低的管理费用，所以曾经为零售产业供货的制造厂现在可以销售自己的产品，制造厂商已经成为从前商业街区零售品牌的竞争对手。因此，我们看到销售额下降，零售商也在拼命吸引人们回到商店。您可以看到不同的方法，就像巴宝莉能够留住一个注重质量和服务的顾客。

普里马克（Primark）由英国制糖公司（British Sugar）经营，这意味着他们可以以远低于其他一些零售商的利润率销售质量合格的产品，大约是百分之三十，而不是通常的百分之八十。这让他们有了竞争优势，您可以发现他们正在升级他们的门店，以此吸引年轻的顾客和注重客户服务的人，而这是互联网所不能提供的。

纺织工程如何介入？

一直以来，下一级创新不仅体现在性能上，也体现在设计上。产品和纤维之间有一个重要的联系，这在塑身衣和内衣上非常明显。这一切都是为了推进旧技术以改进产品。我是学针织创新的，从设计管理到设计和开发，我都做过，没有创新就没有生意，就是这么简单。产品必须有效，工艺和材料必须具有成本效益，并且必须有一个市场来展示产品。然后，每种产品都有属于它自己的专长领域——编织袜子不是一件简单的事情，所以，编织袜子、内衣、塑身衣等，每一类都是真正专业级别的。

纺织创新的未来有什么意义？

目前最基本的创新方法有两种，一是通过产品开发，二是通过制造成本。例如，我曾在一家弹力面料公司工作，该公司通过新纱线的使用产生了多样化的服装。全球化通过将制造业与企业分离而消除了这种机会，因此现在该公司需要以一种新的方式回归：品牌、制造业和销售都需要回归到单一的企业中。事实上，您也可以把这种现象看作是维多利亚时代的模式，许多英国大型商业街品牌都是以这种模式开始经营起来的。

这种商业模式现在难以实现吗?

是的,专家们已经不在我们身边了,如果发现一家制造厂的专家大多在国外,那就很难再将他们召回英国了。所以事实上,大学在纺织创新培训中扮演着关键角色——我们可以把目光投向意大利,那是一个真正的纺织创新中心,那里就是旧知识拥有新头脑。在拓展自我之前,年轻人和纺织毕业生需要获得这种复杂情况下工作的经验,对他们来讲,现在不是推出新产品和新制造工艺的最好时机。

您能给我们讲讲让您受启发的项目或者环节的案例吗?

当然,我曾在曼斯菲尔德(英国东部的米德兰)一家针织企业工作,我们参与了英国帝国化学工业集团(ICI)/杜邦(DuPont)的一个项目,他们推出了一种新的地毯纱线,但问题还未能完全解决。事实上,这有积极的推动作用,产品更多样化,整个行业的发展也更迅猛。传统的地毯纱线是圆形截面的,但当纱线被切断时,也拥有了光反射的新品质,这是在传统地毯上前所未见的。不仅如此,这种纱线还具有其他意想不到的特性,如丝绸般的手感、吸湿性和抗静电性等,并由此设计和开发出非常成功的内衣产品,如胸罩、内裤、塑身衣和衬裙等。这种被称为阿布洛(Diablo)的纱线成为特达(Tactel)品牌的基础,这个品牌在 20 世纪 70 年代和 80 年代真正走向全球。我想您可以在这个例子中看到我所谈到的所有不同产品部门之间的关联度,包括不同产品领域的知识,以及纺织工程领域从工厂到品牌和市场之间的区别和关系等。

本章小结

推荐阅读

本章讨论了"多学科"和"跨学科"工作的不同之处，并要求读者通过思考自己的价值观和创造性实践来反思自己在团队中的角色。本章介绍了智能纺织品的市场，以及如何向不同的受众和潜在雇主交流自己的技能和设计意图，同时展示了在智能纺织品开发过程中的资源开放性与商业知识产权的封闭性之间的紧张关系。最后，本章讨论了在全球创新经济中的设计管理，以及智能纺织品给过时且老旧的制造业模式带来的挑战。

Belbin Associates (2009), *The Belbin Guide to Succeeding at Work*, London: A & C Black Publishers Ltd.

Berglin, L. (2013), "Smart Textiles and Wearable Technology: A Study of Smart Textiles in Fashion and Clothing," a report within the Baltic Fashion Project, Swedish School of Textiles, University of Boras. Available online: http://www.hb.se/Global/THS /BalticFashion_rapport_Smarttextiles.pdf (accessed 9 December 2014).

de Bono, E. (2009), *Six Thinking Hats*, London: Penguin Books.

Boudicca (n.d.), "Essays." Available online: http://www.essays.boudiccacouture.com/essays. htm?password2=essays (accessed 9 December 2014).

Braddock-Clarke, S. and J. Harris (2012), *Digital Visions for Fashion + Textiles: Made in Code*, London: Thames and Hudson.

Corchero, E. (2014), "Lost Values Creative Lab." Available online: http://www.elenacorchero.com/ (accessed 9 December 2014).

Coyne, R. (1995), *Designing Information Technology in the Postmodern Age: From Method To Metaphor*, Cambridge, MA: MIT Press.

"Enprotex Innovation Procurement for Protective Textiles" (n.d.). Available online: http://www.enprotex.eu/ (accessed 9 December 2014).

Flyvbjerg, B. (2001), *Making Social Science Matter:Why Social Inquiry Fails and How it Can Succeed Again*, Cambridge, UK: Cambridge University Press.

Fry, T. (1994), *Remakings: Ecology, Design, Philosophy*, Sussex Inlet, Australia: Envirobook.

Gartner Hype Cycle (2014), "Gartner's 2014HypeCycle for Emerging Technologies Maps the Journey to Digital Business." Available online: http://www.gartner.com /newsroom/id/2819918 (accessed 10 February 2015).

Hemmecke, J. and D. Divotkey (2012), "Repertory Grids as Knowledge Elicitation Method of Tacit Assumptions in Design Artefacts," First Multidisciplinary Summer School on Design as Inquiry, Kiel, Germany, September 3 - 7.

Hemmings, J. (2005), "Defining a Movement: Textile & Fibre Art." Available online: http://jessicahemmings. com/index.php/defining-a-movement-textile-fibre -art/ (accessed 13 January 2015).

Hemmings, J. (2014), "Smart Textiles Archive." Available online: http://jessicahemmings.com/index. php/tag/smart-textiles/ (accessed 9 December 2014).

IDTechEx (2014), "Wearable Technology" (various reports). Available online: http://www.idtechex.com /reports/topics/wearable-technology-000052.asp (accessed 9 December 2014).

McCann, J. and D. Bryson (2009), *Smart Clothes and Wearable Technology*, Cambridge, UK: Woodhead Publishing Ltd.

Moo Cards (2014), "About Moo: Printfinity." Available online: http://uk.moo.com/about/printfinity.html (accessed 9 December 2014).

The Myers and Briggs Foundation (n.d.), "MBTI Basics." Available online: http://www.myersbriggs.org /my-mbti-personality-type/mbti-basics/ (accessed 9 December 2014).

O'Mahony, M. (2008), *TechnoThreads: What Fashion Did Next*, Dublin: Science Gallery.

Orth, M. (2013), "The Short Life of Colour Change Textiles." Available online: http://www.maggieorth.com/ Short_Life.html (accessed 9 December 2014).

Osterwalder, A. and Y. Pigneur (2013), *Business Model Generation: A Handbook for Visionaries, Game Changers, and Challengers*, Hoboken, NJ: John Wiley and Sons. Template available online: http://www. businessmodelgeneration.com/canvas.

Park, S. and S. Jayaram (2010), "Smart Textile - Based Wearable Biomedical Systems: A Transition Plan for Research to Reality," *IEEE Transactions on Information Technology in Biomedicine*, 14 (1): 86 - 92.

Putten, C. van (2013), *Maria Blaisse: The Emergence of Form*, Rotterdam: nai010 Uitgevers.

Rodgers, P. and M. Smyth (2010), *Digital Blur: Creative Practice at the Boundaries of Architecture, Design and Art*, Faringdon, UK: Libri Publishing.

Rogers, E. M. (1995), *Diffusion of Innovation*, New York: Free Press.

Saxion University of Applied Sciences (2014), "Chair Smart Functional Materials." Available online: http:// smarttex-netzwerk.de/images/PDF/Symposium2014/ Brinks_Saxion-NL.pdf (accessed 9 December 2014).

Tomico, O. (2014), "Smart Textile Services." http:// issuu.com/fadbarcelona/docs/opendesigntomico (accessed 9 December 2014).

Trott, P. (2011), *Innovation Management & New Product Development*, Harlow: Pearson Education.

Untracht, O. (1985), *Jewelry Concepts and Technology*, New York: Doubleday.

附录：
进一步阅读和获取资源

词汇表

驱动（Actuation）
系统的输出；包括光、声音和运动。使用如发光二极管（LED）、扬声器和电机驱动。

可寻址的（Addressable）
数字系统向组件发送指令。
屏幕上的像素是可寻址的，因为它可以发送指令来改变状态。

情感（Affect）
指人的情感。在 HCI 术语中，情感计算是指试图使系统理解或对情感做出反应。

模拟（Analog）
在计算术语中，模拟是指具有连续、非离散值的状态变化。在技术术语中，模拟技术常被用来描述像纸这样的较老的物理技术，并与数字技术进行对比。

Arduino 硬件系统（Arduino）
适用于创意项目和原型设计的流行硬件和开源编程环境系统。

XBee 模块（Arduino XBee）
Arduino 硬件系统的无线通信模块。

Auxetic
在单个平面中同时在两个方向上扩展的三维结构。

波特率（Baud rate）
在数字信号中每秒脉冲数的测量方法。

大数据（Big data）
使用从许多匿名来源收集的大量类似类型的数据来揭示大规模的行为模式。

生物相容性（Biocompatible）
植入体内时无害或无毒的物质。

试验板（Breadboard）
用于制作原型电路的无焊料底座。

电容（Capacitance）
电势物体或部件所储存的电势（电压）。

回路（Circuit）
电源、电阻和二极管的功能组合，通过电流的流动产生输出。

云（存储）（Cloud (storage)）
远程管理服务器上的数据，用户可以通过网络使用不同的设备。

同位（Colocated）
输入和输出发生在同一个地方。

复合材料（Composite）
一种材料，至少由另外两种材料组成，利用它们不同的性能特征，如强度或灵活性。

导体（Conductor）
电子自由流动的物质。

连续性（Continuity）
当两个或两个以上的元件允许电流流动时，就有了连续性。如果系统中引入了中断，就没有连续性。

挑绣（Couching）
刺绣中常用的一种纺织技术，将一大块材料（如线绳）附着在衬底上，通常在不刺穿衬底的情况下将其固定住。

横纹（Course）
横向针织针脚系列。

电流（Current）
电路中电子的流动速度，以安培为单位，用 A 表示。

数字（Digital）
一种系统，如具有两种可能状态的开关：开或关。在编程中也称为高或低，或 1 或 0。更复杂的数字系统利用了一系列这样的状态。

数字化（Digitization）
利用 CAD 软件编制刺绣图案的过程，指定针迹类型、密度等参数。

人造橡胶（Elastomeric）
一种具有橡胶弹性的材料。

电活性聚合物（Electroactive polymer，EAP）
一种聚合物，当电流通过时，它会改变形状或移动。能够在移动其他物体的同时产生较大的变形。有时被称为人造肌肉。

电极（Electrode）
电流进入或离开系统的接触点。

电沉积（Electrodeposition）
在电极上用电子流使一种物质平板化或生长。

装饰（Embellishing）
用于织物表面开发的技术，如贴花、针刺毡和针刺。经常使用专业的装饰机器。

挤塑（Extrusion）
通过拉伸板使一种材料转变成长而连续的细丝。

首饰用具（Findings）
功能紧固件和连接器的珠宝术语。

锻造（Forging）
一种固体材料的转化，通常是金属，通过反复战略性地施加力，通常先用热使材料软化。

FTDI
使 USB 与串行连接相适应的板。

缝纫用品（Haberdashery）
时装和纺织术语，指各种用品，如线、带、辫、绳、纽扣和其他紧固件。

黑客（Hacker）
在某些情况下，是一个负面的术语，指一个人获得对受保护网站和系统的非法访问。现在也用来形容一个开源硬件的草根运动，自己动手做和修补，通常具有创意或教育目标。

手感（Handle/Hand）
织物的悬垂性和机械特性；随后人类利用手和身体感知织物。

IDE
集成开发环境（IDE）是一种开发人员编辑代码、调试、编译程序的应用程序。

阻抗（Impedance）
阻力值。

输入（Input）
导致系统反应的行为或环境状态。

绝缘体（Insulator）
一种不导电的材料。

全成型服装（Integral garment）
全成型服装是无缝的，通常使用针织技术制造，具有完全成型的形式和不同的张力区域。

里衬（Interfacing）
将非织造织物层压或缝合到另一个上以增加局部强度或结构。

IOT（物联网）(internet of things)
一个嵌入计算功能和无线，实时通信的世界愿景，以前称为无所不在的计算。

提花（Jacquard）
一种编织技术，可以提起单个经纱。最初使用穿孔卡"编程"，这种技术允许编织复杂的和具象的图案。

夹具（Jig）
一种自定义工具，允许重复制造所需的形状。

锂电池（LiIon battery）
锂离子电池具有与 LiPo 电池相同的电化学组成——均是锂离子聚合物。

LiPo 电池（LiPo battery）
锂聚合物电池是可充电的并且通常用于移动电话中。"聚合物"可以仅指壳体，而不是电池的组成。

制作者（Maker）
这个术语的意思是指具有电子产品或承担工艺项目的个人，通常具有可持续或政治目标。制作者运动捍卫个人创造力。

数学建模（Mathematical modeling）
使用数学规则模拟现实生活情境，用于预测材料或系统的行为。

微处理器（Microprocessor）
微芯片上的电脑处理器，可编程为接受输入，存储少量数据以进行处理，并返回输出值。

情态（Modality）
在经验设计和交互设计中找到的术语，指的是人类感官系统的输入或输出被感知。

单丝（Monofilament）
一种单一材料的人造长纤维，如钓鱼线。

多头（Multihead）
一种电脑刺绣机，用于大规模高效生产，具有 6、12 或 18 个头。模块化版本可以同时绣制不同的设计。

无纺布（Nonwoven）
通过热或机械技术缠结长纤维制成的织物，通常使用聚合物。

欧姆定律（Ohm's law）
电压，电流和电阻之间的关系，通过一系列公式表示：V（电压）$= I$（电流）$\times R$（电阻）。

正交（Orthogonal）
沿直线和直角的部件布置。

产量（Output）
系统过程的结果。例如，可以包括数学问题、声音、光或文本的结果。

数据包（Packet）
传输数字信息的单位。

铜绿（Patination）
通过使用化学品使金属着色。

PCB 板（PCB board）
指焊接元件的印刷电路板。

穿孔板（Perfboard）
在电子产品中，一块带有常规孔的电路板，用于使用焊料对电路进行原型设计。

光子（Photonics）
光子（光）通过材料传播，例如光纤。

实践智慧（Phronesis）
哲学中发现的古希腊术语"实践智慧"。

板材（纱线）（Plate (in yarns)）
使用多种类型的纱线同时加工，通常最后的织物在一个面上显示一种类型的纱线。

股（Ply）
由许多现有纱线加捻在一起的复合纱线，例如双层和四层。

量化自我（Quantified self）
使用有关个人日常行为和身体功能的数据来改善健康和幸福。

电阻（Resistance）
电路中电子流动的限制。

方案（Scenario）
产品或系统使用的描述性描述，涉及相关利益相关者及其随时间变化的系统经验。

半导体（Semiconductor）
在一定条件下或一定程度上导电的材料。

传感器（Sensing）
对外部刺激的反应，如温度变化或特定化学物质的存在。

形状记忆合金（SMA）（Shape memory alloy (SMA)）
当暴露于某些外部条件（如热）时，可以恢复其原始形态的金属组合。

Shed
织布时经纱之间的空间，纬纱可以从中穿过。

绞缬（Shibori）
一种打结染料抗蚀技术，用于制作有图案的织物，通常是有纹理的织物。

短路（Short circuit）
当电流通过电路时，绕过电阻和二极管，意味着没有预期的输出。可能会烧坏电池或其他部件。

利益相关者（Stakeholder）
对设计项目具有既得利益的任何个人或组织；包括清洁工和维护人员、市议会、资助机构以及最终用户。

条形电路板（Stripboard）
一种在穿孔之间具有平行导电连接的电路原型板。

基底（Substrate）
支撑材料，通常为片状或平面状。

开关（Switch）
电路中的一个开孔，可以闭合以允许电流流动。开关只有两种状态，开或关。

意会知识（Tacit Knowledge）
通过难以表达或分享的经验获得的知识。

有形的（Tangible）
在电脑中，这指的是嵌入在可以触摸和处理的对象中的功能。

可伸展的（Tensile）
拉伸；拉伸material的强度特性。拉伸结构利用这些特性来创建薄壳结构。

热成像仪（Thermal mapping）
利用温度信息来可视化一个人、物质或物体的能量。使用红外成像技术。

门槛（Threshold）
一种指定的输入值，它将触发一个进程或程序运行。

痕迹（Trace）
电路中两点之间的导电连接。

可变电阻（Variable resistor）
电路中的一种电阻，具有不同的阻抗值，允许不同的电流水平流动。一个典型的例子是收音机上的音量控制。许多导电织物结构在接触或移动时充当可变电阻。

电压（Voltage）
电压电路的势能，以伏特为单位，以伏特为符号。

分压器（Voltage divider）
一种使用两个串联电阻将大电压输入变为小电压输出的电路。

经密（Wale）
针织物的垂直结构；指一行或一层的针数。

经纱（Warp）
固定在织布机上并在纺织过程中保持张力的线（垂直的）。

纬纱（Weft）
在织造过程中，纱线不断地在其他纱线上下（水平）传递。

XBEE
参见 XBee 模块。

重要的学术会议和期刊

CHI—Computer Human Interaction conferences
(and associated events such as NordiCHI and OzCHI)
http://chi2015.acm.org/

The Design Journal
http://www.tandfonline.com/loi/rfdj20#.Vr5OUVJW4wI

Digital Creativity—Multidisciplinary journal
http://www.tandfonline.com/action
/aboutThisJournal?journalCode=ndcr20#.VMP666h_hHI

ISWC—International Symposium on Wearable Computing
http://www.iswc.net/iswc15/

The Journal of the Textile Institute
http://www.texi.org/publicationsjti.asp

TEI—International Tangible, Embedded and Embodied Interaction Conference
http://www.tei-conf.org/14/

Textile—The Journal of Cloth and Culture
http://www.tandfonline.com/loi/rftx20#.Vr5OsFJW4wI

Textile Research Journal
http://trj.sagepub.com/

Ubicomp
Large multidisciplinary conference on pervasive computing.
http://ubicomp.org/ubicomp2015/

交易会，机构和工作坊

ANAT—Australian Network for Art and Technology
http://www.anat.org.au/

Arcintex—Architecture, Interaction Design & Smart Textiles Research Network
http://arcintex.hb.se/

CES
Annual Consumer Electronics Show, Las Vegas.
http://www.cesweb.org/

e-Textiles Summer Camp
Annual practitioner camp.
http://etextile-summercamp.org/swatch-exchange/

MIT Media Lab, Massachusetts Institute of Technology
http://www.media.mit.edu/

Premier Vision
Global fashion and textiles trade show.
http://www.premierevision.com/

Smart Fabrics and Wearable Technology
Trade conference.
http://www.innovationintextiles.com/events-calendar/
smart-fabrics-wearable-technology-conference/

Steim—Studio for Electro-Instrumental Music, Amsterdam
http://steim.org/

TechTextil—International Trade Fair for Textiles, Frankfurt
http://techtextil.messefrankfurt.com/frankfurt/en
/besucher/willkommen.html

TIO3—Ronse, Belgium
http://www.tio3.be/startpage.aspx

Tiree TechWave
Annual practitioner camp, Scotland.
http://tireetechwave.org/

V2—Institute for Unstable Media, Rotterdam
http://v2.nl/

Waag Society—Amsterdam
http://waag.org/en

技能资源

Adafruit
http://www.adafruit.com/datasheets/hakkotips.pdf
https://learn.adafruit.com/

An Internet of Soft Things
http://aninternetofsoftthings.com/categories/make/

Arduino
http://arduino.cc/en/Tutorial/HomePage

Crafting Material Interfaces
http://courses.media.mit.edu/2011fall/mass62/index.
html%3Fcat=6.html

eTextiles Lounge
http://etextilelounge.com/

Instructables
http://www.instructables.com/

Kobakant—How To Get What You Want
http://www.kobakant.at/DIY/

MIT Open Resources—New Textiles
http://ocw.mit.edu/courses/media-arts-and-sciences
/mas-962-special-topics-new-textiles-spring-2010/

OpenMaterials
http://openmaterials.org/

Plug and Wear (tutorials)
http://www.plugandwear.com/default.
asp?mod=cpages&page_id=16

PLUSEA
http://www.plusea.at/

SparkFun
https://learn.sparkfun.com/tutorials

The Weaveshed
http://www.theweaveshed.org/

参考阅读

图书

Braddock-Clarke, S. and J. Harris (2012), *Digital Visions for Fashion & Textiles: Made in Code*, London: Thames and Hudson.

Briggs-Goode, A. and K. Townsend (2011), *Textile Design: Principles, Advances and Applications*, Woodhead Publishing Series in Textiles, Cambridge, UK: Woodhead Publishing Ltd.

David, C. (2008), *Futurotextiel 08: Surprising Textiles, Design and Art*, Oostkamp: Stichting Kunstboek.

Eng, D. (2009), *Fashion Geek: Clothes and Accessories Tech*, Cincinnati, OH: North Light Books.

Flyvbjerg, B. (2001), *Making Social Science Matter: Why Social Inquiry Fails and How It Can Succeed Again*, Cambridge, UK: Cambridge University Press.

Gale, C. and J. Kaur (2002), *The Textile Book*, Oxford: Berg.

Hartman, K. (2014), *Make: Wearable Electronics*, Sebastopol, CA: Maker Media.

Hughes, R. and M. Rowe (1991), *The Colouring, Bronzing and Patination of Metals: A Manual for Fine Metalworkers, Sculptors and Designers*, London: Thames and Hudson.

Kirstein, T., ed. (2013), *Multidisciplinary Know-How for Smart-Textile Developers* (Woodhead Publishing Series in Textiles), Cambridge, UK: Woodhead Publishing Ltd.

Lewis, A. (2008), *Switch Craft*, New York: Potter Craft.

McCann, J. and D. Bryson (2009), *Smart Clothes and Wearable Technology*, Cambridge, UK: Woodhead Publishing Ltd.

Pakhchyan, S. (2008), *Fashioning Technology*, Sebastopol, CA: O'Reilly.

Platt, C. (2009), *Make: Electronics*, Sebastopol, CA: Maker Media.

Seymour, S. (2008), *Fashionable Technology*, New York: Springer.

Seymour, S. (2010), *Functional Aesthetics: Vision in Fashionable Technology*, New York: Springer.

Smith, W. C. (2010), *Smart Textile Coatings and Laminates*, Cambridge, UK: Woodhead Publishing Ltd.

Till, F., R. Earley and C. Collet (2012), *Material Futures/01*, London: University of the Arts.

Journals/academic papers/doctoral theses

Berzowska, J. and M. Skorobogatiy (2010), "Karma Chameleon: Bragg Fiber Jacquard-Woven Photonic Textiles," *Proc. TEI 2010*. Available online: http://xslabs .net/karma-chameleon/papers/KC-Bragg_Fiber_ Jacquard-Woven_Photonic_Textiles.pdf (accessed 28 Oct. 2015).

Coyle, S., Lau, K.T., Moyna, N., O'Gorman, D., Diamond, D., Di Francesco, F., Costanzo, D., Salvo, P., Trivella, M.G., De Rossi, D.E., Taccini, N., Paradiso, R., Porchet, J.A., Ridolfi, A., Luprano, J., Chuzel, C., Lanier, T., Revol-Cavalier, F., Schoumacker, S., Mourier, V., Chartier, I., Convert, R., De-Moncuit, H., and Bini, C. (2010). "BIOTEX—Biosensing Textiles for Personalised Healthcare Management." *IEEE Transactions on Information Technology in Biomedicine*. 14: 2, 364–70.

Patel, S., H. Park, P. Bonato, L. Chan and M. Rodgers (2012), "A Review of Wearable Sensors and Systems with Application in Rehabilitation," *Journal of NeuroEngineering and Rehabilitation*, 9: 21. Available online: http://www.jneuroengrehab.com/content /pdf/1743-0003-9-21.pdf (accessed 27 May 2014).

Persson, A. (2013), *Exploring Textiles as Materials for Interaction Design*, PhD thesis, The Swedish School of Textiles, University of Boras.

Shanmugasundaram, O. (2008), "Smart & Intelligent Textiles," *Indian Textile Journal*, February.

Suh, M. (2010), "E-Textiles for Wearability: Review on Electrical and Mechanical Properties." Available online: http://www.textileworld.com/textile-world/ features/2010/04/e-textiles-for-wearability-review-of -integration-technologies/ (accessed 26 May 2014).

University of Borås, Smart Textiles Project. All theses available online: http://smarttextiles.se/en/research -lab/design-lab/publications/dissertations/.

Zeagler, C., S. Audy, S. Gilliland and T. Starner (2013), "Can I Wash It?: The Effect of Washing Conductive Materials Used in Making Textile Based Wearable Electronic Interfaces," *Proc. IEEE & ACM International Symposium on Wearable Computers*, Zurich, Switzerland, New York: ACM.

报告

Aachen University, "Smart Textiles: Textiles with Enhanced Functionality." Available online: http:// www.ita.rwth-aachen.de/andere_sprachen/englisch /Smart%20Textiles-en.pdf (accessed 28 Oct. 2015).

ASTM Headquarter News (2012), "ASTM Holds Initial Workshop on Smart Textiles Applications." Available online: http://www.astm.org/standardization-news /outreach/smart-textiles-workshop-ma12.html (accessed 28 Oct. 2015).

Berglin, L. (2013), "Smart Textiles and Wearable Technology: A Study of Smart Textiles in Fashion and Clothing," a report within the Baltic Fashion Project, published by the Swedish School of Textiles, University of Borås.

Centexbel (2013), "CEN-ISO Standardization Committees on Textiles." Available online: http://www .centexbel.be/smart-textiles-standardisation (accessed 28 April 2014).

Gartner, "Innovation Insight: Smart Fabric Innovations Weave Efficiency Into the Workforce." Available online: https://www.gartner.com/doc/2282415?ref=ddisp (accessed 11 September 2014).

Purdeyhimi, B. (2006), "Printing Electric Circuits onto Nonwoven Conformal Fabrics Using Conductive Inks and Intelligent Control," NTC Project: F04-NS17.

RWTH Aachen University (n.d.), "Smart Textiles with Enhanced Functionality," Institute for Technical Textiles.

Susta-Smart (2013), "Supporting Standardisation for Smart Textiles (SUSTA-SMART)." Available online: http://www.susta-smart.eu/ (accessed 23 October 2013).

手册

Keymeulen, L. (2012), *Bekinox VN: Continuous Stainless Steel Filament for Electro-Conductive Textiles*, Bekaert.

Keymeulen, L. (2012), *Electro-Conductive Textiles: Durable Textile Solutions for Transferring Power and Signals*, Bekaert.

Keymeulen, L. (2013), *Heatable Textiles: Flexible and Durable Solutions for Heatable Textiles*, Bekaert.

产品目录

Annie Trevillian: Handprint: Design on Fabric and Paper, Selected Work 1983–2006 (2006), ISBN: 0-646-46489-2.

Bresky, E. (n.d.), *Smart Textiles*, University of Boras. Available online: www.smarttextiles.se (accessed 28 Oct. 2015).

Hellstrom, A., H. Landin and L. Worbin (2011), *Ambience '11 Exhibition: Where Art, Technology and Design Meet*, The Swedish School of Textiles, University of Boras, ISBN: 978-91-975576-7-2.

Hill, J. (2005), *Interface: An Exhibition of International Contemporary Art Textiles*, The Scottish Gallery and The Gallery Ruthin Craft Centre.

Vrouwe, A. and R. Smits (2013), *Design Changes Design Exhibition 2013*, Design United.

其他线上资源

e-Fibre, "Exploring Innovation Around Electronic Textiles," AHRC Network project, http://www.e-fibre.co.uk/.

Igoe, T., Physical Computing resources page, http://www.tigoe.net/pcomp/index.php.

ILP Institute Insider (2013), "Fibers Get Functional," October 3, http://ilp.mit.edu/newsstory.jsp?id=19396.

Mann, S. (2013), "Tree-Shaped Designers," keynote address, e-Leo Symposium, Toronto, Ontario, December 5.

供应商

AdaFruit
https://www.adafruit.com/products/1204
Electronic components, microprocessors, tools

Arduino
http://store.arduino.cc/
Open source hardware and software platform

Bare Conductive
http://www.bareconductive.com/
Conductive paint, kits

Bekaert
http://www.bekaert.com/en/products-and
-applications
Conductive fibers and yarns

Cookson Precious Metals
http://www.cooksongold.com/
Jewelry tools, findings, materials

Kitronik
https://www.kitronik.co.uk/
Kits, conductive textiles, Arduino

Lamé Lifesaver
http://members.shaw.ca/ubik/thread/order.html
Conductive thread

LessEMF
www.lessemf.com
Conductive fabrics, Velcro, tapes, threads, inks,
paints, epoxies

Margarita Benitez
http://www.margaritabenitez.com/wearables
/resources.html

Mindsets
http://www.mindsetsonline.co.uk/Site/About
Kits for education

MIT OpenCourseWare
http://ocw.mit.edu/courses/media-arts-and-sciences
/mas-962-special-topics-new-textiles-spring-2010
/related-resources/

Oomlout
http://oomlout.co.uk/
Arduino supplies, breadboards, electronic
components, kits

plugandwear
http://www.plugandwear.com/default.asp
Proprietary conductive and interactive fabrics, kits

Rapid Electronics
www.rapidonline.com
Electronic components and tools

SparkFun Electronics
www.sparkfun.com
Kits, sensors, electronic components, conductive thread

致谢

感谢所有为本书付出的艺术家和设计师，他们慷慨地分享了时间、愿景和流程来制作这本书。还要感谢布鲁姆斯伯里（Bloomsbury）出版社的编辑和制作团队。感谢英国工程与物理科学研究委员会：第三章中使用的原始教程材料来自 EPSRC 资助的软件互联网项目（EP／L023601／1）。非常感谢玛莎·格莱滋（Martha Glazzard）博士和莎拉·沃克（Sarah Walker）对本书的重大贡献，当然，非常感谢理查德（Richard）、本（Ben）和露西（Lucie）在整个过程中给予的极大的耐心。

出版商感谢塔玛拉·阿尔布（Tamara Albu），辛迪·L. 班布里奇（Cindy L. Bainbridge），乔治娜·胡珀（Georgina Hooper），杰恩·梅侃（Jayne Mechan），托尼·J.诺德内斯（Toni J. Nordness）和惠居·帕克（Huiju Park）。